全彩印刷
全新升级

学电脑
Windows 10+Office 2019
从入门到精通
移动学习版

赵源源 编著

U0277613

人民邮电出版社
北京

图书在版编目（CIP）数据

学电脑（Windows 10+Office 2019）从入门到精通：移动学习版 / 赵源源编著. -- 北京：人民邮电出版社，2019.5
ISBN 978-7-115-50569-9

Ⅰ．①学… Ⅱ．①赵… Ⅲ．①Windows操作系统②办公自动化－应用软件 Ⅳ．①TP316.7②TP317.1

中国版本图书馆CIP数据核字（2019）第022885号

内 容 提 要

本书以案例教学的方式为读者系统地介绍了电脑的相关知识和应用技巧。

全书共 16 章。第 1 章主要介绍电脑的入门知识；第 2～7 章主要介绍 Windows 10 的使用方法，包括基础操作、电脑操作环境的个性化设置、管理电脑文件和文件夹、电脑打字、电脑网络的连接以及管理电脑中的软件等；第 8～10 章主要介绍网上娱乐的方法，包括多媒体娱乐、使用电脑上网以及网络聊天交友等；第 11～13 章主要介绍电脑办公的方法，包括 Word 2019、Excel 2019 以及 PowerPoint 2019 的使用方法等；第 14～16 章主要介绍电脑的高效使用方法，包括使用电脑高效办公、电脑的优化与维护以及办公实战秘技等。

本书附赠与教学内容同步的视频教程及案例的配套素材和结果文件。此外，还赠送了大量相关学习内容的视频教程及扩展学习电子书等。

本书不仅适合电脑的初、中级用户学习使用，也可以作为各类院校相关专业学生和电脑培训班学员的教材或辅导用书。

◆ 编　著　赵源源
　　责任编辑　张　翼
　　责任印制　马振武

◆ 人民邮电出版社出版发行　　北京市丰台区成寿寺路 11 号
　　邮编　100164　电子邮件　315@ptpress.com.cn
　　网址　http://www.ptpress.com.cn
　　北京天宇星印刷厂印刷

◆ 开本：700×1000　1/16
　　印张：20　　　　　　　　　　2019 年 5 月第 1 版
　　字数：430 千字　　　　　　2024 年 10 月北京第 25 次印刷

定价：49.80 元

读者服务热线：(010)81055410　印装质量热线：(010)81055316
反盗版热线：(010)81055315
广告经营许可证：京东市监广登字 20170147 号

Preface

前言

在信息科技飞速发展的今天，电脑已经走入了人们工作、学习和日常生活的各个领域，而电脑的操作水平也成为衡量一个人综合素质的重要标准之一。为满足广大读者的学习需求，我们针对当前电脑应用的特点，组织多位相关领域专家、国家重点学科教授及电脑培训教师，精心编写了这套"从入门到精通"系列图书。

写作特色

从零开始，快速上手

无论读者是否接触过电脑，都能从本书获益，快速掌握电脑使用方法。

面向实际，精选案例

全部内容均以真实案例为主线，在此基础上适当扩展知识点，真正实现学以致用。

全彩展示，一步一图

本书通过全彩排版，有效突出了重点、难点。所有实例的每一步操作，均配有对应的插图和注释，以便读者在学习过程中能够直观、清晰地看到操作过程和效果，提高学习效率。

单双混排，超大容量

本书采用单、双栏混排的形式，大大扩充了信息容量，在有限的篇幅中为读者奉送了更多的知识和实战案例。

高手支招，举一反三

本书在每章最后的"高手私房菜"栏目中提炼了各种高级操作技巧，为知识点的扩展应用提供了思路。

视频教程，互动教学

在视频教程中，我们采用工作、生活中的真实案例，帮助读者体验实际应用环境，从而全面理解知识点的运用方法。

配套资源

全程同步视频教程

本书配套的同步视频教程详细讲解每个实战案例的操作过程及关键步骤，帮助读者更轻松地掌握书中所有的知识内容和操作技巧。

超值学习资源

本书赠送大量相关学习内容的视频教程、扩展学习电子书及本书所有案例的配套素材和结果文件等，以方便读者扩展学习。

二维码视频教程学习方法

为了方便读者学习，本书提供了大量视频教程的二维码。读者使用微信、QQ 的"扫一扫"功能扫描二维码，即可通过手机观看视频教程。

扩展学习资源下载方法

读者可以使用微信扫描封底二维码，关注"职场研究社"公众号，发送"50569"后，将获得资源下载链接和提取码。将下载链接复制到任何浏览器中并访问下载页面，即可通过提取码下载本书的扩展学习资源。

龙马高新教育 APP 使用说明

（1）下载、安装并打开龙马高新教育 APP，可以直接使用手机号码注册并登录。在【个人信息】界面，用户可以订阅图书类型、查看问题、添加收藏、与好友交流、管理离线缓存、反馈意见并更新应用等。

（2）在首页界面单击顶部的【全部图书】按钮，在弹出的下拉列表中可查看订阅的图书类型，在上方搜索框中可以搜索图书。

（3）进入图书详情页面，单击要学习的内容即可播放视频。此外，还可以发表评论、收藏图书并离线下载视频文件等。

（4）首页底部包含 4 个栏目：在【图书】栏目中可以显示并选择图书，在【问同学】栏目中可以与同学讨论问题，在【问专家】栏目中可以向专家咨询，在【晒作品】栏目中可以分享自己的作品。

创作团队

本书由龙马高新教育策划，赵源源负责编著。在本书的编写过程中，我们竭尽所能地将更好的内容呈现给读者，但书中也难免有疏漏和不妥之处，敬请广大读者不吝指正。读者在学习过程中有任何疑问或建议，可发送电子邮件至 zhangyi@ptpress.com.cn。

编者

Contents

目录

赠送资源

赠送资源 1 Windows 10 操作系统安装视频教程

赠送资源 2 9 小时 Windows 10 视频教程

赠送资源 3 电脑维护与故障处理技巧查询手册

赠送资源 4 移动办公技巧手册

赠送资源 5 2000 个 Word 精选文档模板

赠送资源 6 1800 个 Excel 典型表格模板

赠送资源 7 1500 个 PPT 精美演示模板

赠送资源 8 Office 快捷键查询手册

第 1 章

电脑基础快速入门

本章视频教学时间 / 58 分钟

🎧 重点导读

电脑初学者要想熟练地掌握电脑应用知识，首先就要认识电脑并掌握电脑上各种按钮与接口的使用方法，并学会如何正确地启动与关闭电脑以及使用鼠标与键盘等。

📖 学习效果图

1.1 电脑的分类

本节视频教学时间 / 8 分钟

电脑的类型日新月异，种类越来越多，市面上最为常见的有台式机、笔记本电脑、平板电脑、智能手机等。另外，智能家居、智能穿戴设备也一跃成为当下热点。本节将介绍不同种类的电脑及其特点。

1.1.1 台式机

台式机也称为桌面计算机，是最为常见的电脑，其特点是体积大，较笨重，一般需要放置在电脑桌或专门的工作台上，主要用于比较稳定的场所，如公司与家庭。

目前，台式机主要分为分体式和一体机。分体式是出现最早的传统机型，显示屏和主机分离，占位空间大，通风条件好，与一体机相比，用户群更广。下图所示就是一款台式机。

一体机是将主机、显示器等集成到一起，与传统台式机相比，它结合了台式机和笔记本的优点，具有连线少、体积小、设计时尚的特点，吸引了无数用户的眼球，成为一种新的产品形态，如下图所示。

当然，除了分体式和一体机外，迷你PC产品也逐渐进入市场，成为时下热门产品。虽然迷你PC产品体积小，有的甚至与U盘一般大小，却搭载着处理器、内存、硬盘等，并配有操作系统，可以插入电视机、显示器或者投影仪等，使之成为一个电脑，用户还可以使用蓝牙鼠标、键盘连接操作。下图所示就是英特尔公司推出的一款一体式迷你电脑棒。

一体式迷你电脑棒

1.1.2 笔记本电脑

笔记本电脑（NoteBook Computer，简写为 NoteBook），又称为笔记型、手提或膝上电脑（Laptop Computer，简写为 Laptop），是一种方便携带的小型个人电脑。笔记本电脑与台式机有着类似的结构组成，包括显示器、键盘、鼠标、CPU、内存和硬盘等。笔记本电脑主要的优点有体积小、重量轻、携带方便，所以便携性是笔记本电脑相对于台式机最大的优势。下图所示就是一款笔记本电脑。

笔记本电脑

笔记本电脑与台式机的对比如下。

（1）便携性比较

与笨重的台式机相比，笔记本电脑小巧便携，且消耗的电能较少，产生的噪声较小。

（2）性能比较

相对于同等价格的台式机，笔记本电脑的运行速度通常会稍慢一点，对图像和声音的处理能力也比台式机稍逊一筹。

（3）价格比较

对于同等性能的笔记本电脑和台式机来说，笔记本电脑由于对各种组件的搭配要求更高，其价格也相应较高。但是，随着现代工艺和技术的进步，笔记本电脑和台式机之间的价格差距正在缩小。

1.1.3 平板电脑

平板电脑是个人电脑（PC）家族新增加的一名成员。其外观和笔记本电脑相似，是一种小型、携带方便的个人电脑。集移动商务、移动通信和移动娱乐为一体，是平板电脑最重要的特点，其具有与笔记本电脑一样的体积小而轻的特点，可以随时转移使用场所，移动灵活性较高。

平板电脑最为典型的是 iPad，它的出现，在全世界掀起了平板电脑的热潮。如今，平板电脑种类、样式、功能更多，可谓百花齐放，如有支持打电话的、带全键盘滑盖的、支持电磁笔双触控的。另外，根据应用领域划分，平板电脑有多种类型，如商务型、学生型、工业型等。下图所示就是一款平板电脑。

平板电脑

1.1.4 智能手机

智能手机已基本替代了传统的、功能单一的手持电话，它可以像个人电脑一样，拥有独立的操作系统、运行和存储空间。除了具有手机的通话功能外，它还具备 PDA（Personal Digital Assistant，掌上电脑）的功能。

智能手机，与平板电脑相比，以通信为核心，尺寸小，便携性强，可以放入口袋中随身携带。从广义上说，智能手机是使用人群最多的个人电脑。下图所示就是一款智能手机。

智能手机

1.1.5 可穿戴电脑、智能家居与 VR 设备

从表面上看，可穿戴电脑同智能家居和电脑有些风马牛不相及的感觉，但它们却同属于电脑的范畴，可以像电脑一样智能。下面就简单介绍可穿戴电脑、智能家居与 VR 设备。

1. 可穿戴电脑

实现某些功能的微型电子设备。它由轻巧的装置构成，便携性更强，具有满足可佩戴的形态，具备独立的计算能力及拥有专用的应用程序和功能，可以完美地将电脑和穿戴设备结合，如眼镜、手表、项链，给用户提供全新的人机交互方式和用户体验等。

随着 PC 互联网向移动互联网过渡，相信可穿戴计算设备也会以更多的产品形态和更好的用户体验被人们接受，逐渐实现大众化。下图所示就是一款智能手表。

智能手表

2. 智能家居

智能家居相对于可穿戴电脑，则提供了一个无缝的环境，以住宅为平台，利用综合布线技术、网络通信技术、安全防范技术、自动控制技术、音视频技术等与家居生活有关的设施集成，构建高效的住宅设施与家庭日程事务的管理系统，提升家居生活的安全性、便利性、舒适性和艺术性，并实现居住环境的环保节能。

传统的家电、家居设备、房屋建筑等都成为智能家居的发展方向，尤其是物联网的快速发展和"互联网＋"的提出，使更多的家电和家居设备成为连接物联网的终端和载体。如今，我们可以明显地发现，我国的智能电视市场，基本完成市场布局，传统电视逐渐被替代和淘汰，在市场上基本无迹可寻。

智能家居的出现给用户带来了各种便利，如电灯可以根据光线、用户位置或用户需求，自动打开或关闭，自动调整灯光和颜色；电视可以感知用户的观看状态，据此判断是否关闭等；手机可以控制插座、定时开关、充电保护等。下图为一款智能扫地机器人，可以通过手机远程或 Wi-Fi 网络，控制扫地机器人扫地。

智能扫地机器人

虚拟现实，给用户带来了超逼真沉浸式体验，将观众从自家沙发带进了"现场"。目前，市面上的 VR 眼镜（见下图），价格也十分亲民，售价多在几百元左右，戴上眼镜，配合手机或电脑，让人拥有沉浸式的虚拟现实。

VR 眼镜

3.VR 设备

虚拟现实（简称"VR"）技术，是创建和体验虚拟环境的计算机仿真系统。用户可以通过 VR 设备，增强对听觉、视觉、触觉、嗅觉等感知，满足了人们的工作和娱乐需求，是一种新的交互方式。

1.2 认识电脑的组成

本节视频教学时间 / 9 分钟

电脑已经完全融入了我们的日常生活中，成为生活、工作和学习中的一部分。本节主要从电脑的硬件和软件两方面入手，介绍电脑的内部组成部件和软件组成。

1.2.1 硬件

通常情况下，一台电脑的硬件主要包括主机、显示器、键盘、鼠标、音箱等。用户还可根据需要配置话筒、摄像头、打印机、扫描仪、调制解调器等部件。

显示器

主机

音箱

键盘

鼠标

1. 主机

主机是电脑的重要组成部分，其由多个硬件部件组成，包括 CPU（中央处理器）、主板、内存、硬盘、电源、光驱、显卡等，如下图所示。主机外部主要包含电源按钮、重启按钮及其他电脑配件的连接端口等。

一台电脑上的按钮主要有主机上的电源按钮、重启按钮、光驱开关按钮以及显示器上的电源按钮。按下电脑主机上的电源按钮，可以开启电脑；按下主机上的重启按钮，可以重新启动电脑。

2. 显示器

显示器是电脑重要的输出设备。电脑操作的各种状态、结果、编辑的文本、程序、图形等都是在显示器上显示出来的。目前，大多数显示器都是液晶显示器。

显示器上的电源按钮主要用于控制显示器的开关。除该按钮外，不同的型号与品牌的显示器还提供其他按钮，如用于调节亮度的按钮、用于调节对比度的按钮以及自动调节显示器亮度与对比度的按钮。当然，不同的显示器其按钮也有所差异，下图是一款显示器按键功能图。

3. 键盘

键盘是电脑最基本的输入设备，如下图所示。用户给电脑输入的各种命令、程序和数据都可以通过键盘输入到电脑中。按照键盘的结构，可以将键盘分为机械式键盘和电容式键盘；按照键盘的外形，可以将键盘分为标准键盘和人体工学键盘；按照键盘的接口，可以将键盘分为 AT 接口（大口）、PS/2 接口（小口）、USB 接口、无线等种类的键盘。

4. 鼠标

鼠标用于确定光标在屏幕上的位置。在应用软件的支持下，鼠标可以快速、方便地完成某种特定的操作。鼠标包括鼠标右键、鼠标左键、鼠标滚轮、鼠标线和鼠标插头。鼠标按照插头的类型，可分为 USB 接口的鼠标、PS/2 接口的鼠标和无线鼠标，如下图所示。

5. 音箱

音箱是可以将音频信号变换为声音的一种设备。通俗地讲，就是音箱主机箱体内或低音箱体内自带的功率放大器，对音频信号进行放大处理后由音箱本身回放出声音，使其声音变大。

6. 其他扩展硬件

除了以上几种硬件设备，麦克风、摄像头、U 盘、路由器等都是常用的电脑设备。

（1）麦克风

麦克风也称话筒，是将声音转换为电信号的转换器件，它通过声波作用到电声元件上产生电压，使其转换的电能作用于各种扩音设备中。

（2）摄像头

摄像头(Camera)又称为电脑相机、电脑眼等，是一种视频输入设备，被广泛地运用于视频会议、远程医疗、实时监控，而且我们可以通过摄像头在网上进行有影像、有声音的交谈和沟通等。

（3）U 盘

U 盘是一种使用 USB 接口与电脑连接的微型高容量移动存储设备，无需物理驱动器就可以实现即插即用。U 盘最突出的优点就是小巧便于携带、存储容量大、价格便宜、性能可靠。

（4）路由器

路由器是用于连接多个逻辑上分开的网络的设备，可以用来建立局域网，也可以实现家庭中多台电脑同时上网，

还可以将有线网络转换为无线网络。

1.2.2 软件

电脑要正常运行，无法离开软件。电脑的软件可以分为系统软件、驱动软件和应用软件三大类。使用不同的软件，电脑可以完成许多不同的工作，具有非凡的灵活性和通用性。

1. 最常用的软件——应用程序

所谓应用程序，是指除了系统程序以外的所有程序，它是用户利用电脑及其提供的系统程序为解决各种实际问题而编制的。

目前，常见的应用程序有各种用于科学计算的程序包、各种数字处理软件、信息管理软件、电脑辅助设计软件、实时控制软件和各种图形软件等。其中，应用最为广泛的应用程序就是文字处理软件。它能实现对文本的编辑、排版和打印，如 Microsoft（微软）公司的Office 办公软件。

2. 人机对话的桥梁——操作系统

操作系统是一款管理电脑硬件与软件资源的程序，同时也是电脑系统的内核与基石。目前，操作系统主要有Windows 7、Windows 8 和 Windows 10等。

（1）Windows 7

Windows 7继承了 Windows XP 的实用和 Windows Vista 的华丽，同时进行了一次升华。该系统旨在让人们的日常电脑操作更加简单和快捷，为人们提供高效易行的工作环境。

（2）Windows 8

Windows 8 是由美国微软公司开发的、具有革命性变化的操作系统。Windows 8 系统支持来自 Intel、AMD 和 ARM 的芯片架构，这意味着Windows 系统开始向更多平台迈进。

（3）Windows 10

Windows 10 是美国微软公司正在研发的新一代跨平台及设备应用的操作系统，将覆盖 PC、平板电脑、手机、XBOX 和服务器端等。

3. 不得不用的软件——驱动程序

驱动程序（Device Driver），全称为"设备驱动程序"，是一种可以使电脑和设备通信的特殊程序，相当于硬件的接口。操作系统只有通过驱动程序才能控制硬件设备的工作。

1.3 实战——组装电脑

本节视频教学时间 / 8 分钟

电脑上的接口有很多，主机上主要有电源接口、USB 接口、显示器接口、网线接口、鼠标接口、键盘接口等，显示器上主要有电源接口、主机接口等。在连接主机外设之间的连线时，只要按照"辨清接头，对准插上"这一要领口诀去操作，即可顺利完成电脑与外设的连接。

另外，在连接电脑与外设前，一定要先切断用于给电脑供电的插座电源。下图所示为主机外部接口。

1. 连接显示器

主机上连接显示器的接口在主机的后面。连接的方法是将显示器的信号线，即

15针的信号线接在显卡上，插好后拧紧接头两侧的螺钉即可。显示器电源一般都是单独连接电源插座的。

2. 连接键盘和鼠标

键盘接口在主机的后部，是一个紫色圆形的接口。一般情况下，键盘的插口会在机箱的外侧，同时键盘插头上有向上的标记，连接时按照这个方向插好即可。PS/2鼠标的接口也是圆形的，位于键盘接口旁边，按照指定方向插好即可。

如果USB接口的鼠标和键盘连接方法更为简单，可直接接入主机后端的USB端口。

3. 连接网线

网线接口在主机的后面。将网线一端的水晶头按指示的方向插入网线接口中，就完成了网线的连接。

5. 连接主机电源

主机电源线的接法很简单，只需要将电源线接头插入电源接口即可。

4. 连接音箱

将音箱的音频线接头分别连接到主机声卡的接口中，即可连接音箱。

1.4 实战——开启和关闭电脑

本节视频教学时间 / 6分钟

开启和关闭电脑是使用电脑的最基本的操作。

1.4.1 正确开启电脑的方法

启动电脑的方法很简单。连通电源后，按下主机箱前面的电源开关即可启动电脑。当然，别忘了打开连接显示器的电源开关。当按下显示器的电源开关时，开关旁边的电源指示灯会亮起。通常显示器的电源开关在显示屏的下方。正确开机的操作步骤如下。

1 打开显示器

在显示器右下角，按下【电源】按钮，打开显示器。

电源按钮

📢 提示

无论任何品牌显示器，其电源按钮的标识为 ⏻。

2 打开主机电源

按下主机上的【电源】按钮，打开主机电源。

电源按钮

3 进入系统加载界面

电脑启动并自检后，首先进入Window 10 的系统加载界面。

系统加载界面

4 进入 Windows 系统桌面

加载完成后，系统会成功进入Windows 系统桌面。

系统桌面

1.4.2 重启电脑

重启电脑有两种比较常用的方法。

方法 1：单击屏幕左下角的 ⊞ 按钮，打开"开始"菜单，并单击【电源】按钮 ⏻，在弹出的选项菜单中，单击【重启】选项，即可重启电脑。如果系统还有程序正在运行，则会弹出警告窗口，用户可根据需要选择是否保存。

方法 2：按下主机机箱上的【重新启动】按钮，即可重新启动电脑。

1.4.3 正确关闭电脑的方法

在使用 Windows 操作系统时，当电脑执行了系统的关机命令后，某些电源设置可以自动切断电源，关闭电脑。如果是使用只退出操作系统而不关闭电脑本身的电源设置，用户还需要手动按下电源开关以切断电源，实现关机操作。不过这种情况的电脑目前已不多见。正确关闭电脑有以下 4 种方法。

1. 使用"开始"菜单

打开"开始"菜单，单击【电源】按钮 ⏻，在弹出的选项菜单中，单击【关机】选项，即可关闭电脑。

2. 使用快捷键

在桌面环境中，按【Alt+F4】组合键，打开【关闭 Windows】对话框，其默认选项为【关机】，单击【确定】按钮，即可关闭电脑。

3. 右键快捷菜单

右键单击【开始】按钮 ⊞，或按【Windows+X】组合键，在打开的菜单中单击【关机或注销】➤【关机】，进行关机操作。

4. 其他方法

在特殊情况下，如电脑无响应，可以在键盘上按【Ctrl+Alt+Delete】组合键，进入下图所示界面，单击【电源】按钮，即可关闭电脑。

1.5 实战——使用鼠标

本节视频教学时间 / 8 分钟

鼠标用于确定光标在屏幕上的位置，在应用软件的支持下，鼠标可以快速、方便地完成某种特定的功能。

1.5.1 鼠标的正确"握"法

正确持握鼠标，有利于用户在长时间的工作和学习时不感觉到疲劳。正确的鼠标握法是，手腕自然放在桌面上，用右手大拇指和无名指轻轻夹住鼠标的两侧，食指和中指分别对准鼠标的左键和右键，手掌心不要紧贴在鼠标上，这样有利于鼠标的移动操作。正确的鼠标握法如下图所示。

1.5.2 鼠标的基本操作

通常，鼠标包含 3 个功能键，每个按键都有一定的功能用法，具体如下。

● 左键："选择"作用，当用户需要选择某个程序、文件及命令时，可以单击该键。

● 中间：又称"滑轮"，主要用于"上下浏览"，当阅读较长的文件、网页时，滑动鼠标滑轮，就可以向下浏览内容。

● 右键："快捷菜单"的作用，当选定目标后，单击鼠标右键，可以打开对应的快捷菜单，并可对菜单命令进行选择和操作。

了解了鼠标各键基本功能后，鼠标的基本操作包括指向、单击、双击、右击和拖动等。

（1）指向。指移动鼠标，将鼠标指针移动到操作对象上。下图所示为指向【此电脑】桌面图标。

（2）单击。指快速按下并释放鼠标左键。单击一般用于选定一个操作对象。下图所示为单击【此电脑】桌面图标。

（3）双击。指连续两次快速按下并释放鼠标左键。双击一般用于打开窗口，或启动应用程序。下图所示为双击【此电脑】桌面图标，打开【此电脑】窗口。

（4）拖曳。指按下鼠标左键、移动鼠标指针到指定位置、再释放按键的操作。拖曳一般用于选择多个操作对象、复制或移动对象等。下图所示为拖曳鼠标指针选择多个对象的操作。

（5）右击。指快速按下并释放鼠标右键。右击一般用于打开一个与操作相关的快捷菜单。下图所示为右击【此电脑】桌面图标打开快捷菜单的操作。

1.5.3 不同鼠标指针的含义

在使用鼠标操作电脑的时候，鼠标指针的形状会随着用户操作的不同或是系统工作形态的不同，呈现出不同的状态。因此，了解鼠标指针的不同形状，可以帮助用户方便快捷地操作电脑。下面介绍几种常见的鼠标指针形状及其所表示的状态。

指针形状	表示的状态	用途
↖	正常选择	Windows 的基本指针，用于选择菜单、命令或选项等
↖○	后台运行	表示计算机打开程序，正在加载中
○	忙碌状态	表示计算机打开的程序或操作未响应，需要用户等待
+	精准选择	用于精准调整对象
I	文本选择	用于文字编辑区内指示编辑位置
◎	禁用状态	表示当前状态及操作不可用
↕ 和 ↔	垂直或水平调整	鼠标指针移动到窗口边框线，会出现双向箭头，拖动鼠标，可上下或左右移动边框改变窗口大小
↖↘ 和 ↗↙	沿对角线调整	鼠标指针移动到窗口四个角落时，会出现斜向双向箭头，拖动鼠标，可沿水平或垂直两个方向等比例放大或缩小窗口
✥	移动对象	用于移动选定的对象
↰	链接选择	表示当前位置有超文本链接，单击鼠标左键即可进入

1.6 实战——使用键盘

本节视频教学时间 /9 分钟

键盘是用户向电脑内部输入数据和控制电脑的工具，是电脑的一个重要组成部分。尽管现在鼠标已经代替了键盘的一部分工作，但是像文字和数据输入这样的工作还是要靠键盘来完成的。

1.6.1 键盘的基本分区

键盘是用户向电脑内部输入数据和控制电脑的工具，是电脑的一个重要组成部分。尽管现在鼠标已经代替了键盘的一部分工作，但是像文字和数据输入这样的工作还是要靠键盘来完成的。整个键盘分为五个小区：上面一行是功能键区和状态指示区；下面是主键盘区、编辑键区和辅助键区。

（1）功能键区

功能键区位于键盘的上方，由【Esc】键、【F1】键～【F12】键及其他3个功能键组成。这些键在不同的环境中有不同的作用。

（2）主键盘区

主键盘区位于键盘的左下部，是键盘的最大区域。它既是键盘的主体部分，又是用户经常操作的部分。在主键盘区，除了数字和字母之外，还有若干辅助键。

（3）编辑键区

编辑键区位于键盘的中间部分，包括上、下、左、右4个方向键和几个控制键。

（4）辅助键区

辅助键区位于键盘的右下部，相当于集中录入数据时的快捷键，其中的按键功能都可以用其他区中的按键代替。

（5）状态指示区

键盘上除了按键以外，还有3个指示灯，位于键盘的右上角，从左到右依次为Num Lock指示灯、Caps Lock指示灯、Scroll Lock指示灯。它们与键盘上的【Num Lock】键、【Caps Lock】键及【Scroll Lock】键一一对应。

1.6.2 键盘的基本操作

键盘的基本操作包括按下和按住两种操作。

（1）按下。按下并快速松开按键，如同使用遥控器一样。下图所示为按下【Windows】键，弹出开始屏幕。

（2）按住。按下按键不放。主要用于两个或两个以上的按键组合，称为组合键。按住【Windows】键不放，再按下【L】键，即可锁定 Windows 桌面。

1.6.3　打字的正确姿势

打字之前一定要端正坐姿。如果坐姿不正确，不但会影响打字速度，而且还会疲劳很容易出错。

正确的坐姿应遵循以下几个原则。

（1）两脚平放，腰部挺直，两臂自然下垂，两肘贴于腋边。

（2）身体可略倾斜，离键盘的距离为 20~30cm。

（3）将文稿放在键盘左边，或用专用夹夹在显示器旁边。

（4）打字时眼观文稿，但身体不要跟着倾斜。

 高手私房菜

技巧 1：怎样用左手操作鼠标

如果用户习惯用左手操作鼠标，就需要对系统进行简单的设置，以满足用户个性化的需求。设置的具体操作步骤如下。

1 单击【鼠标指针设置】超链接

在桌面的空白处单击鼠标右键，在弹出的快捷菜单中选择【个性化】菜单命令，在弹出的【设置】窗口左侧，单击【主题】选项，并单击右侧的【鼠标指针设置】超链接。

2 勾选【切换主要和次要的按钮】复选框

弹出【鼠标 属性】对话框，选择【鼠标键】选项卡，然后勾选【切换主要和次要的按钮】复选框，单击【确定】按钮即可完成设置。

技巧 2：定时关闭电脑

在使用电脑时，如果突然有事要离开，而电脑中有重要的操作，如正在下载或上传文件，不能立即关闭电脑，但又不想长时间开机，此时，可以使用定时关闭电脑功能。例如，要在 2 个小时后关闭电脑，可以执行以下操作。

1 输入"shutdown –s –t 7200"

按【Windows+R】组合键，弹出【运行】对话框，在【打开】文本框中输入"shutdown -s -t 7200"，单击【确定】按钮。

> 📢 **提示**
>
> 其中"7200"为秒，"shutdown -s -t 7200"表示在 7200 秒，即 2 小时后执行关机操作，如果 1 小时后关机，命令为"shutdown -t 3600"。

2 弹出关机提醒

桌面右下角即会弹出关机提醒，并显示关机时间。

3 输入"shutdown −a"命令

如果要撤销关机命令，可以再次打开【运行】对话框，输入"shutdown −a"命令，单击【确定】按钮。

4 终止定时关机任务

即可终止定时关机任务，并在桌面右下角弹出如下图所示提示，通知"注销被取消"。

第 2 章

开启 Windows 10 的多彩世界

本章视频教学时间 / 50 分钟

🎧 重点导读

Windows 10 的初学者，首先需要掌握系统的基本操作。本章将主要介绍 Windows 10 的基本知识，包括 Windows 10 的桌面、开始菜单和窗口等。

📖 学习效果图

2.1 认识 Windows 10 桌面

本节视频教学时间 / 9 分钟

进入 Windows 10 操作系统后，用户首先看到的是桌面，接下来我们介绍 Windows 10 桌面。

2.1.1 桌面的组成

桌面的组成元素主要包括桌面背景、桌面图标和任务栏等。

1. 桌面背景

桌面背景可以是个人收集的数字图片、Windows 提供的图片、纯色或带有颜色框架的图片，也可以显示幻灯片图片。

Windows 10 操作系统自带了很多漂亮的背景图片，用户可以从中选择自己喜欢的图片作为桌面背景。除此之外，用户还可以把自己收藏的精美图片设置为背景图片。

2. 桌面图标

Windows 10 操作系统中，所有的文件、文件夹和应用程序等都由相应的图标表示。桌面图标一般是由文字和图片组成，文字说明图标的名称或功能，图片是它的标识符。新安装的系统桌面中只有一个【回收站】图标。

用户双击桌面上的图标，可以快速地打开相应的文件、文件夹或者应用程序，如双击桌面上的【回收站】图标，即可打开【回收站】窗口。

3. 任务栏

【任务栏】是位于桌面的最底部的长条，显示系统正在运行的程序、当前时间等，主要由【开始】按钮、搜索框、任务视图、快速启动区、系统图标显示区和【显示桌面】按钮组成。和以前的操作系统相比，Windows 10 中的任务栏设计得更加人性化、使用更加方便、功能和灵活性更强大。用户按【Alt +Tab】组合键可以在不同的窗口之间进行切换操作。

4. 通知区域

默认情况下，通知区域位于任务栏的右侧。它包含一些程序图标，这些程序图标提供有关传入的电子邮件、更新、网络连接等事项的状态和通知。安装新程序时，可以将此程序的图标添加到通知区域。

新的电脑在通知区域经常已有一些图标，而且某些程序在安装过程中会自动将图标添加到通知区域。用户可以更改出现在通知区域中的图标和通知，对于某些特殊图标（称为"系统图标"），还可以选择是否显示它们。

用户可以通过将图标拖曳到所需的位置来更改图标在通知区域中的顺序以及隐藏图标的顺序。

5.【开始】按钮

单击桌面左下角的【开始】按钮 或按下 Windows 徽标键，即可打开"开始"菜单，左侧依次为用户账户头像、常用的应用程序列表及快捷选项，右侧为"开始"屏幕。

6. 搜索框

Windows 10 中，搜索框和 Cortana 高度集成，在搜索框中直接输入关键词或打开"开始"菜单输入关键词，即可搜索相关的桌面程序、网页、我的资料等。

2.1.2 找回传统桌面的系统图标

刚装好 Windows 10 操作系统时，桌面上只有【回收站】一个图标，用户可以添加【此电脑】、【用户的文件】、【控制面板】和【网络】图标，具体操作步骤如下。

1 选择【个性化】菜单命令

在桌面上空白处右击，在弹出的快捷菜单中选择【个性化】菜单命令。

2 单击【桌面图标设置】选项

在弹出的【设置】窗口中，单击【主题】➤【桌面图标设置】选项。

3 勾选桌面图标复选框

弹出【桌面图标设置】窗口，在【桌面图标】选项组中勾选要显示的桌面图标复选框，单击【确定】按钮。

4 添加该图标

选择相应的图标即可在桌面上添加该图标。

2.2 实战——窗口的基本操作

本节视频教学时间 / 10 分钟

在 Windows 10 中，窗口是用户界面中最重要的组成部分，对窗口的操作是最基本的操作。

2.2.1 Windows 10 的窗口组成

窗口是屏幕上与一个应用程序相对应的矩形区域，是用户与产生该窗口的应用程序之间的可视界面。当用户开始运行一个应用程序时，应用程序就创建并显示一个窗口；当用户操作窗口中的对象时，程序会做出相应的反应。用户通过关闭一个窗口来终止一个程序的运行，通过选择相应的应用程序窗口来选择相应的应用程序。

下图所示是【此电脑】窗口，由标题栏、地址栏、快速访问工具栏、导航窗格、内容窗格和搜索框等部分组成。

1. 标题栏

标题栏位于窗口的最上方，显示了当前的目录位置。标题栏右侧分别为"最小化""最大化／还原""关闭"3 个按钮，单击相应的按钮可以执行相应的窗口操作。

2. 快速访问工具栏

快速访问工具栏位于标题栏的左侧，显示了当前窗口图标和查看属性、新建文件夹、自定义快速访问工具栏3 个按钮。

单击【自定义快速访问工具栏】按钮，弹出下拉列表，用户可以勾选列表中功能选项，将其添加到快速访问工具栏中。

3. 菜单栏

菜单栏位于标题栏下方，包含了当前窗口或窗口内容的一些常用操作菜单。在菜单栏的右侧为"展开功能区／最小化功能区"和"帮助"按钮。

4. 地址栏

地址栏位于菜单栏的下方，主要反映了从根目录开始到现在所在目录的路径，单击地址栏即可看到具体的路径，如下图即表示【D 盘】下【软件】文件夹目录下。

在地址栏中直接输入路径地址，单击【转到】按钮→或按【Enter】键，可以快速到达要访问的位置。

5. 控制按钮区

控制按钮区位于地址栏的左侧，主要用于返回、前进、上移到前一个目录位置。单击 ∨ 按钮，打开下拉菜单，可以查看最近访问的位置信息，单击下拉菜单中的位置信息，可以实现快速进入该位置目录。

6. 搜索框

搜索框位于地址栏的右侧，通过在搜索框中输入要查看信息的关键字，可以快速查找当前目录中相关的文件、文件夹。

7. 导航窗格

导航窗格位于控制按钮区下方，显示了电脑中包含的具体位置，如快速访问、OneDrive、此电脑、网络等，用户可以通过左侧的导航窗格，快速定位相应的目录。另外，用户也可以导航窗格中的【展开】按钮∨和【收缩】按钮＞，显示或隐藏详细的子目录。

8. 内容窗口

内容窗口位于导航窗格右侧，是显示当前目录的内容区域，也叫工作区域。

9. 状态栏

状态栏位于导航窗格下方，会显示当前目录文件中的项目数量，也会根据用户选择的内容，显示所选文件或文件夹的数量、容量等属性信息。

10. 视图按钮

视图按钮位于状态栏右侧，包含了【在窗口中显示每一项的相关信息】和【使用大缩略图显示项】两个按钮，用户可以单击选择视图方式。

2.2.2 打开和关闭窗口

打开和关闭窗口是最基本的操作，本节主要介绍其操作方法。

1. 打开窗口

在 Windows 10 中，双击应用程序图标，即可打开窗口。在【开始】菜单列表、桌面快捷方式、快速启动工具栏中都可以打开程序的窗口。

另外，也可以在程序图标中右键单击鼠标，在弹出的快捷菜单中，选择【打开】命令，也可打开窗口。

2. 关闭窗口

窗口使用完后，用户可以将其关闭。常见的关闭窗口的方法有以下几种。

（1）使用关闭按钮

单击窗口右上角的【关闭】按钮，即可关闭当前窗口。

（2）使用快速访问工具栏

单击快速访问工具栏最左侧的窗口图标，在弹出的快捷菜单中单击【关闭】按钮，即可关闭当前窗口。

（3）使用标题栏

在标题栏上单击鼠标右键，在弹出的快捷菜单中选择【关闭】菜单命令即可。

（4）使用任务栏

在任务栏上选择需要关闭的程序，单击鼠标右键并在弹出的快捷菜单中选择【关闭窗口】菜单命令。

（5）使用快捷键

在当前窗口上按【Alt+F4】组合键，即可关闭窗口。

2.2.3 移动窗口的位置

当窗口没有处于最大化或最小化状态时，将鼠标指针放在需要移动位置的窗口的标题栏上，鼠标指针此时是 ▷ 形状。按住鼠标左键不放，拖曳标题栏到需要移动到的位置，松开鼠标，即可完成窗口位置的移动。

2.2.4 调整窗口的大小

默认情况下，打开的窗口大小和上次关闭时的大小一样。用户将鼠标指针移动到窗口的边缘，鼠标指针变为 ↕ 或 ↔ 形状时，可上下或左右移动边框以纵向或横向改变窗口大小。指针移动到窗口的四个角时，鼠标指针变为 ↖ 或 ↗ 形状时，拖曳鼠标，可沿水平或垂直两个方向等比例放大或缩小窗口。

另外，单击窗口右上角的最小化按钮 — ，可使当前窗口最小化；单击最大化按钮 ▢ ，可以使当前窗口最大化；在窗口最大化时，单击【向下还原】按钮 ❐ ，可还原到窗口最大化之前的大小。

> 📣 **提示**
> 在当前窗口中，双击窗口，可使当前窗口最大化，再次双击窗口，可以向下还原窗口。

2.2.5 切换当前窗口

如果同时打开了多个窗口，用户有时会需要在各个窗口之间进行切换操作。

1. 使用鼠标切换

如果打开多个窗口，使用鼠标在需要切换的窗口中任意位置单击，该窗口即可出现在所有窗口最前面。

另外，将鼠标指针停留在任务栏左侧的某个程序图标上，该程序图标上方会显示该程序的预览小窗口，在预览小窗口中移动鼠标指针，桌面上也会同时显示该程序中的某个窗口。如果是需要切换的窗口，单击该窗口即可在桌面上显示。

2. 【Alt+Tab】组合键

在 Windows 10 系统中，按键盘上主键盘区中的【Alt+Tab】组合键切换窗口时，桌面中间会出现当前打开的各程序预览小窗口。按住【Alt】键不放，每按一次【Tab】键，就会切换一次，直至切换到需要打开的窗口。

3. 【Windows+Tab】组合键

在 Windows 10 系统中，按键盘上主键盘区中的【Windows+Tab】组合键或单击【任务视图】按钮，即可显示当前桌面环境中的所有窗口缩略图，在需要切换的窗口上单击鼠标，即可快速切换。

2.2.6 窗口贴边显示

在 Windows 10 系统中，如果需要同时处理两个窗口时，可以按住一个窗口的标题栏，拖曳至屏幕左右边缘或角落位置，窗口会出现气泡，此时松开鼠标，窗口即会贴边显示。

2.3 实战——"开始"菜单的基本操作

本节视频教学时间 / 13 分钟

在 Windows 10 操作系统中，"开始"菜单重新回归。与 Windows 7 系统中的"开始"菜单相比，界面经过了全新的设计，右侧集成了 Windows 8 操作系统中的"开始"屏幕。本节将主要介绍"开始"菜单的基本操作。

2.3.1 认识"开始"屏幕

在学习"开始"屏幕的操作之前，先认识下"开始"屏幕。

1. 打开"开始"屏幕

使用下面两种方法都可以打开"开始"屏幕。

（1）单击屏幕左下角的【开始】图标▦。

（2）按键盘上的 Windows 徽标键▦。

2. "开始"屏幕的组成

电脑上的应用、文件、设置等都可以在"开始"屏幕上找到相应内容。单击屏幕左下角的【开始】图标▦，打开"开

始"屏幕，如右图所示。可以看到其包含：菜单、项目列表、程序列表及磁贴面板。

（1）菜单

单击▤按钮，可以显示所有菜单项的名称。

（2）项目列表

开始"屏幕"的项目列表中，默认情况下包括：用户、文档、图片、设置及电源按钮。

①【用户】按钮▣

单击【用户】按钮▣，即会弹出如下图所示的菜单，用户可以执行更改账户设置、锁定屏幕及注销。

②【文档】按钮▣

单击【文档】按钮▣，打开【文档】窗口，可以查看电脑的"文档"文件夹中的文件或文件夹。

③【图片】按钮▣

单击【图片】按钮▣，打开【图片】窗口，可以查看"图片"文件夹内的图片文件。

④【设置】按钮▣

单击【设置】按钮▣，打开【设置】面板，可以选择相关的功能，对系统的设备、账户、时间和语言等内容进行设置。另外，按【Windows+I】组合键，也可以打开该面板。

⑤【电源】按钮▣

【电源】按钮，主要是用来对操作系统关闭操作，包括【睡眠】、【关机】、【重启】3 个选项。

（3）应用列表

在应用列表中，显示了电脑中安装的所有应用，通过鼠标滚轮，可以浏览程序列表。

（4）磁贴面板

Windows 10的磁贴，有图片、文字，用于表示和启动应用，其中动态磁贴，可以不断更新显示应用的信息，如天气、日期、新闻等应用。

2.3.2 调整"开始"屏幕大小

在 Windows 8 系统中，"开始"屏幕是全屏显示的，而在 Windows 10 中，其大小并不是一成不变的，用户可以根据需要调整大小，也可以将其设置为全屏幕显示。

调整"开始"屏幕大小，是极为方便的。如果要横向调整"开始"屏幕大小，只需将鼠标放在"开始"屏幕边栏右侧，待鼠标光标变为 ⟷ 形状，可以横向调整其大小，如下图所示。

如果要纵向调整"开始"屏幕大小，只需将鼠标放在"开始"屏幕边栏右侧，待鼠标光标变为 ↕ 形状，可以纵向调整其大小，如下图所示。

如果要全屏幕显示"开始"屏幕，按【Windows+I】组合键，打开【设置】对话框，单击【个性化】➤【开始】选项，将【使用全屏幕"开始"菜单】设置为"开"即可。

当按【Windows】键时，即可全屏幕显示"开始"屏幕，如下图所示。

如果要显示所有程序列表，可以单击【所有应用】按钮，如下图所示。

2.3.3 将应用程序固定到"开始"屏幕

系统默认下，"开始"屏幕主要包含了生活动态及播发和浏览的主要应用，用户可以根据需要将应用程序添加到"开始"屏幕中。

1 选择【固定到"开始"屏幕】命令

打开"开始"菜单，在最常用程序列表或所有应用列表中，选择要固定到"开始"屏幕的程序，单击鼠标右键，在弹出的菜单中选择【固定到"开始"屏幕】命令。

2 固定到"开始"屏幕中

即可固定到"开始"屏幕中，如下图所示。

3 取消固定显示

如果要从"开始"屏幕中取消固定，右键单击"开始"屏幕中的程序，在弹出的菜单中选择【从"开始"屏幕取消固定】命令，即可取消固定显示。

2.3.4 动态磁贴的使用

动态磁贴（Live Tile）是"开始"屏幕界面中的图形方块，也叫"磁贴"，通过它可以快速打开应用程序。磁贴中的信息是根据时间或发展活动的，如左下图即为"开始"屏幕中开启了动态磁贴的日历程序，右下图则未开启动态磁贴，对比发现，动态磁贴显示了当前的日期和星期。

1. 调整磁贴大小

在磁贴上单击鼠标右键，在弹出的快捷菜单中选择【调整大小】命令，在弹出的子菜单中有4种显示方式，包括小、中、宽和大，选择对应的命令，即可调整磁贴大小。

2. 打开/关闭磁贴

在磁贴上单击鼠标右键，在弹出的快捷菜单中选择【更多】命令，在弹出的子菜单中，单击【关闭动态磁贴】或【打开动态磁贴】命令，即可关闭或打开磁贴的动态显示。

2.3.5 管理"开始"屏幕的分类

用户可以根据所需形式，自定义"开始"屏幕，如将最常用的应用、网站、文件夹等固定到"开始"屏幕上，并对其进行合理的分类，以便可以快速访问，也可以使其更加美观。

1 拖曳磁贴

选择一个磁贴向下空白处拖曳，即可独立一个组。

2 输入名称

将鼠标移至该磁贴上方空白处，则显示"命名组"字样，单击鼠标，即可

显示文本框，可以在框中输入名称，如输入"音乐视频"，按【Enter】键即可完成命名。

3 拖曳到组

此时可以拖曳相关的磁贴到该组中，如下页图所示。

④ 设置磁贴顺序和大小

　　用户可以根据需要，设置磁贴的排列顺序和大小。

2.4 实战——任务栏的基本操作

本节视频教学时间 / 7 分钟

　　在 Windows 10 操作系统中，掌握对任务栏的设置及操作，可以提高电脑的操作效率。下面介绍任务栏的基本操作技巧。

2.4.1 调整任务栏的大小

　　默认情况下，任务栏只有一栏，用户可以根据需要调整任务栏大小。

① 锁定任务栏

　　在任务栏的空白处位置，单击鼠标右键，在弹出的快捷菜单中，单击【锁定任务栏】命令。

② 调整任务栏大小

　　解锁任务栏，将鼠标指针放到任务栏边上，待鼠标光标变为↕形状，向上拖曳鼠标，即可调整任务栏大小。

2.4.2 调整任务栏的位置

默认情况下，任务栏位于屏幕下方，用户可以根据操作习惯，调整任务栏的位置。

1 任务栏设置

在任务栏的空白处位置，单击鼠标右键，在弹出的快捷菜单中，单击【任务栏设置】命令。

2 打开【设置—任务栏】面板

此时，即可打开【设置—任务栏】面板，如下图所示。

3 选择【靠右】选项

单击【任务栏在屏幕上的位置】右

侧的下拉按钮，在弹出的下拉列表中，选择要调整的位置，如要靠右显示，则选择【靠右】选项。

4 任务栏右侧显示

任务栏即可靠屏幕右侧显示，如下图所示。

另外，在任务栏未锁定状态下，可以拖曳任务栏，调整它的显示位置。

2.4.3 自动隐藏任务栏

默认情况下，任务栏位于屏幕下方，如果为了保持桌面整洁，可以将任务栏自动隐藏起来。

1 任务栏设置

在任务栏的空白处位置，单击鼠标右键，在弹出的快捷菜单中，单击【任务栏设置】命令。

2 打开自动隐藏任务栏

打开【设置—任务栏】面板，将右侧任务栏区域下的【在桌面模式下自动隐藏任务栏】按钮，设置为"开"。

3 隐藏任务栏

任务栏会自动隐藏，当鼠标指向屏幕底部，即会显示任务栏。当不对任务栏进行任何操作，即会隐藏任务栏。

2.4.4 将应用程序固定到任务栏

用户除了可以将程序固定到"开始"屏幕外，还可以将程序固定到任务栏中的快速启动区域，方便想使用程序时，可以快速启动。

1 固定到任务栏

单击【开始】按钮■，选择要添加到任务栏的程序，单击鼠标右键，在弹出的快捷菜单中，选择【更多】➤【固定到任务栏】命令。

2 结果如下

此时，即可将其固定到任务栏中，如右图所示。

对于不常用的程序图标，用户也可以将其从任务栏中删除。右键单击需要删除的程序图标，在弹出的快捷菜单中选择【从任务栏取消固定】命令即可。

> **提示**
> 用户可以通过拖曳鼠标，调整任务栏中程序图标的顺序。

2.4.5 自定义任务栏通知区域

通知区域位于任务栏的右侧，包含了常用的图标，如网络、音量、输入法、时钟和日历及操作中心等状态和通知。用户可以根据需要，自定义通知区域显示的图标和通知，设置可以隐藏一些图标和通知。

1 任务栏设置

右键单击任务栏上的任何空白区域，在弹出的快捷菜单中，选择【任务栏设置】命令。

2 打开【设置—任务栏】面板

打开【设置—任务栏】面板，单击右侧【通知区域】下的【选择哪些图标显示在任务栏上】超链接。

3 进行设置

进入"选择哪些图标显示在任务栏上"面板，可根据需要设置图标的显示状态，可通过"开"或"关"，设置其显示状态。如将"Realtek 高清晰音频管理器"设置为"开"。

4 查看图标

此时，即可看到通知区域设置的图标。

5 打开或关闭系统图标

返回【设置—任务栏】面板，单击【打开或关闭系统图标】超链接。

6 进行设置

进入"打开或关闭系统图标"面板，可以看到系统图标打开状态，也可以通过"开"或"关"进行设置。

7 拖曳图标

另外，用户可以隐藏通知区域的图标。单击【显示隐藏的图标】按钮∧，可以看到隐藏的图标。

8 拖曳图标

拖曳通知区域的图标到隐藏区域，即可将图标隐藏起来。用户可以使用同样方法，将隐藏区域的图标拖曳到通知区域中。

9 拖曳图标

如果需要调整通知区域的图标显示

顺序，将图标拖曳到其他位置即可。

10 完成图标的排列

松开鼠标，即可完成图标的排列。

2.5 实战——操作中心的基本操作

本节视频教学时间 / 8 分钟

Windows 10 增加了操作中心，也叫通知中心，可以显示更新内容、电子邮件和日历等通知信息。随着 Windows 10 的版本更新，通知中心的作用也不断被强化。本节介绍通知中心的基本操作技巧。

2.5.1 认识操作中心

在我们使用手机时，手机界面的顶部通知栏是为用户推送和传达各种应用消息的信息聚合中心，而 Windows 10 中也一样，可提示用户系统、应用、网络连接的各种消息，另外还提供了"快速操作"的功能，方便用户快速进行设置。

用户单击桌面右下角的【操作中心】按钮 或按【Windows+A】组合键，即可打开 Windows 10 操作中心，如右图所示。

49

从上图可以看到，在操作中心的底部位置，显示了快速操作图标，其中各图标的作用如下。

（1）平板模式。单击"平板模式"快捷图标后，切换当前设备到平板模式，开始菜单会以全屏显示，如下图所示。

（2）连接。可以用于快速连接无线设备及音频等。

（3）网络。可以查看网络状态。

（4）所有设置。可以快速打开【设置】面板。

（5）定位。用于设置 Windows 定位，以及位置历史记录方面的操作。

（6）专注助手。可以快速开 / 关专注助手。

（7）夜间模式。可以快速开 / 关夜间模式。

（8）VPN。VPN 设置的快速入口。

（9）投影。用于投影多个屏幕的快速入口。

另外，用户还可以添加或删除操作中心的快速操作图标，也可以重新排列图标的顺序。如果用户要通过快速操作图标进行设置，可以右键单击快捷图标，在弹出的快捷菜单中单击【转到"设置"】命令，即可打开相应的设置面板。

2.5.2 查看操作中心的消息

认识了操作中心后，用户可以方便查看推送的消息。

1 显示消息的数量

当操作中心有新通知时，操作中心的图标会发生变化，并显示消息的数量，如下图所示。

2 显示消息

单击【操作中心】图标，即可打开操作中心，并显示消息。

📢 提示

如果要清除操作中心的消息，可以单击【清除所有通知】按钮，即可清除。

3 启动程序

例如，单击【启动】按钮，即可启动程序。

4 弹出通知消息

另外，也会在屏幕右下角弹出通知消息，如下图所示。

2.5.3 自定义快速操作的显示顺序

用户可以将操作中心的快速操作，重新安排显示，并调整它们的显示顺序。

1 自定义通知图标

在任务栏右侧的"时间与日期"上单击鼠标右键，在弹出的菜单中，单击选择【自定义通知图标】命令。

2 添加或删除快速操作

此时，即可打开【设置—通知和操作】面板，在右侧的【快速操作】区域下，单击【添加或删除快速操作】超链接。

3 进行设置

进入"添加或删除快速操作"面板，可以将不需要的快速操作，设置为"开"或"关"，如这里将"VPN"设置为"关"。

4 设置后的效果

按【Windows+A】组合键，打开操作中心，即可看到设置后的快速操作图标。

⑤ **调整顺序**

返回【设置—通知和操作】面板，可以拖曳"快速操作"下的图标，调整它们的顺序。

2.5.4 更改通知设置

用户可以打开或关闭通知，还可以更改个别发送方的通知设置。

① **打开或关闭所有通知**

打开【设置—通知和操作】面板，在右侧"通知"区域下，可以打开或关闭所有通知，并且更改查看通知的时间和位置。

② **设置通知优先级**

在"获取来自这些发送者的通知"区域下，用户可以打开或关闭发送者的通知，还可以选择某个发送者的名称，然后打开或关闭通知横幅、锁屏界面隐私和通知声音，并设置通知优先级。

2.5.5 使用"专注助手"保持专注，拒绝打扰

在 Windows 10 新版本中增加了"专注助手"功能，可以帮助用户隐藏工作中可能出现的干扰，以便集中注意力处理工作。

① **显示"仅优先通知"**

按【Windows+A】组合键，打开操作中心，单击【专注助手】图标，即可打开"专注助手"，并显示"仅优先通知"。此时仅优先显示优先级列表中的通知，【操作中心】按钮则变为 。

② 隐藏除闹钟外的所有通知

当再次单击【专注助手】图标，即可切换至"仅限闹钟"的方案，此时将隐藏除闹钟外的所有通知。如果需要关闭"专注助手"，再次单击图标即可。

③ 选择【专注助手】命令

另外，用户还可以右键单击【操作中心】按钮，在弹出的快捷菜单中，选择【专注助手】命令，在子菜单中选择方案。

④ 单击【转到"设置"】命令

如果要对"专注助手"进行设置，可以在操作中心的"专注助手"图标右键单击，在弹出的菜单中，单击【转到"设置"】命令。

⑤ 自定义优先级列表

在打开的【设置—专注助手】面板中，单击【自定义优先列表】超链接。

⑥ 设置优先级列表

此时，即可对优先级列表进行设置，如短信、提醒、联系人及应用等。

⑦ 进行设置

另外，在【自动规则】区域下，可以设置不被打扰的时间和活动，如下图所示。

技巧 1：快速锁定 Windows 桌面

在离开电脑时，我们可以将电脑锁屏，可以有效地保护桌面隐私。主要有两种快速锁屏的方法。

（1）使用菜单命令

按【Windows】键，弹出开始菜单，单击账户头像，在弹出的快捷菜单中单击【锁定】命令，即可进入锁屏界面。

（2）使用快捷键

按【Windows+L】组合键，可以快速锁定 Windows 系统，进入锁屏界面。

进入锁屏界面

技巧 2：隐藏搜索框

Windows 10 操作系统任务栏默认显示搜索框，用户可以根据需要隐藏搜索框，具体操作步骤如下。

1 选择【隐藏】菜单命令

在任务栏上单击鼠标右键，在弹出的快捷菜单中选择【Cortana】▷【隐藏】菜单命令。

选择

2 隐藏搜索框

此时，即可隐藏搜索框，如下图所示。

隐藏搜索框

第 3 章

打造个性化的电脑操作环境

本章视频教学时间 / 58 分钟

重点导读

与之前的 Windows 系统版本相比，Windows 10 进行了重大的变革，不仅延续了 Windows 家族的传统，而且带来了更多新的体验。用户在使用过程中，可以根据使用习惯，打造自己喜欢的桌面环境。

学习效果图

3.1 实战——桌面的个性化设置

本节视频教学时间 / 13 分钟

桌面是打开电脑并登录 Windows 之后看到的主屏幕区域，用户可以对它进行个性化设置，让屏幕看起来更漂亮更舒服。

3.1.1 设置桌面背景

桌面背景可以是个人收集的数字图片、Windows 提供的图片、纯色或带有颜色框架的图片，也可以显示幻灯片图片。

Windows 10 操作系统自带了很多漂亮的背景图片，用户可以从中选择自己喜欢的图片作为桌面背景，除此之外，用户还可以把自己收藏的精美图片设置为桌面背景。

1 选择【个性化】菜单命令

在桌面的空白处右击，在弹出的快捷菜单中选择【个性化】菜单命令。

2 选择【背景】选项

弹出【个性化】窗口，选择【背景】选项，在【选择图片】下方区域的图片缩略图中，选择要设置的背景图片，单击即可应用。

3 完成设置

如果用户希望将自己喜欢的图片设置为桌面背景，可以将图片存储到电脑中，然后单击下方的【浏览】按钮，在

弹出的【打开】对话框中，单击【选择图片】按钮，即可完成设置。

4 选择你的背景色

另外，用户可以使用纯色作为桌面背景，单击【背景】下拉按钮，在弹出的列表中选择【纯色】选项，然后在【选择你的背景色】区域中，单击喜欢的颜色，即可应用。

5 设置图片刷新时间

如果觉得同一桌面背景单调，可以使用"幻灯片放映"模式。单击【背景】下拉按钮，在弹出的列表中选择【幻灯片放映】选项，可以在下方区域设置图片的刷新时间，播放顺序及契合度等。

6 选择文件夹

默认选择并放映的是【图片】文件夹内图片，如果要自定义图片文件夹，可以单击【浏览】按钮，在弹出的【选择文件夹】对话框，选择图片所在的文件夹后，单击【选择此文件夹】按钮即可完成设置。

3.1.2 设置锁屏界面

用户可以根据自己的喜好，设置锁屏界面的背景、显示状态的应用等，具体操作步骤如下。

1 选择【Windows 聚焦】选项

打开【个性化】窗口，单击【锁屏界面】选项，用户可以将背景设置为Windows 聚焦、图片和幻灯片放映 3 种方式。设置为 Windows 聚焦，系统会根据用户的使用习惯联网下载精美壁纸；设置为图片形式，可以选择系统自带或电脑本地的图片设置为锁屏界面；设置为幻灯片放映，可以将自定义图片或相册设置为锁屏界面，并以幻灯片形式展示。如这里选择【Windows 聚焦】选项。

2 查看壁纸效果

在屏幕中，可以看到系统正在联网加载壁纸，等待加载完毕后，即可看到Windows 提供的壁纸效果。

3 打开锁定屏幕界面

按【Windows+L】组合键，打开锁定屏幕界面，即可看到设置的壁纸。

4 显示系统通知

另外也可以选择显示详细状态和快速状态应用的任意组合，可以方便向用

户显示即将到来的日历事件、社交网络更新以及其他应用和系统通知。

3.1.3 为桌面应用主题

系统主题是桌面背景、窗口颜色、声音及鼠标光标的组合，Windows 10 采用了新的主题方案，无边框设计的窗口、扁平化设计的图标等，使其更具现代感。本节主要介绍如何设置系统主题。

1 单击【颜色】选项

打开【个性化】窗口，单击【主题】选项，在主图区域显示了当前主题，可单击下方的【背景】、【颜色】、【声音】或【鼠标光标】选项，对它们进行自定义。如单击【颜色】选项。

2 选择喜欢的颜色

此时，即可进入【颜色】界面，用户可以选择喜欢的颜色，此时电脑的系统颜色即会发生变化，如面板和对话框的边框、高亮显示的文字及图标等。

3 单击【鲜花】主题

再次打开【主题】界面，在【应用主题】区域，显示了当前电脑已安装的主题列表，用户单击主题缩略图，即可应用，如单击【鲜花】主题。

4 返回桌面

返回桌面，即可看到桌面背景、任务栏颜色等均发生了变化。

5 单击【In the Desert】主题

如果想获得更多主题，可以单击【在 Microsoft Store 中获取更多主题】超链接。即可打开【Microsoft Store】程序，并显示【Windows Themes】主题列表，如单击【In the Desert】主题。

📢 提示

要想在 Microsoft Store 中获取联机主题，需要登录 Windows 账号，方可下载，账户的登录和设置可参加本章 3.4 节内容。

6 单击【获取】按钮

进入主题详情页面，单击【获取】按钮。

📢 提示

用户可以参照该方法，在【Microsoft Store】程序中下载并安装其他应用程序。

7 下载该主题

此时，即可获取认可并下载该主题，并显示下载进度。

8 单击【启动】按钮

下载完成后，单击【启动】按钮。

9 单击新安装的主题

此时，即可转到【主题】界面中，单击新安装的主题。

10 显示电脑桌面

按【Windows+D】组合键，显示电脑桌面，即可看到应用后的效果。

提示

对于包含多个图像的主题，可以在桌面空白处，单击鼠标右键，在弹出的快捷菜单中，通过单击【下一个桌面背景】命令，切换背景效果。

3.1.4 设置屏幕分辨率

屏幕分辨率指的是屏幕上显示的文本和图像的清晰度。分辨率越高，项目越清楚。同时屏幕上的项目越小，因此屏幕可以容纳越多的项目。分辨率越低，在屏幕上显示的项目越少，但尺寸越大。设置适当的分辨率，有助于提高屏幕上图像的清晰度。具体操作步骤如下。

1 打开【设置—显示】面板

在桌面上空白处右击，在弹出的快捷菜单中选择【显示设置】菜单命令，即可打开【设置—显示】面板。

2 选择分辨率

单击【分辨率】右侧的下拉按钮，在弹出的分辨率列表中，可以选择适合的分辨率，即可快速应用。

提示

如果在显卡驱动安装正常的情况下，建议用户选择推荐的分辨率。如果将监视器设置为它不支持的屏幕分辨率，那么该屏幕在几秒内将变为黑色，监视器则还原至原始分辨率。

3.1.5 设置显示为"夜间"模式

在使用电脑显示器时，它会发出一种蓝光，一般在白天可以看到，会对眼睛造成一些危害，尤其在夜晚。Windows 10 提供了"夜间"模式，可以使显示器呈现一种更加舒服的暖色调，减少蓝光，避免对眼睛造成过大损害。

1 单击【夜间模式】图标

单击【操作中心】按钮💬，打开操作中心，单击【夜间模式】图标，即可开启夜间模式。如果需要关闭，再次单击即可关闭。

2 选择【转到"设置"】命令

右键单击【夜间模式】图标，在弹出的菜单中，选择【转到"设置"】命令。

3 单击【夜间模式设置】超链接

此时，即可进入【设置—显示】面板，然后单击【夜间模式设置】超链接。

4 调整色温

进入"夜间模式设置"面板，可以拖曳【夜间色温】下的滑块，调整色温，向左颜色更重，向右则浅一些。

5 设置开启"夜间模式"的计划

另外，在【计划】区域下，可以设置"开启夜间模式"的计划。

6 输入时间

单击【设置小时】选项，可以设置自己的时间，输入夜间模式打开或关闭的时间即可。

3.2 实战——设置桌面图标

本节视频教学时间 / 7分钟

在 Windows 10 操作系统中，所有的文件、文件夹以及应用程序都由形象化的图标表示。桌面上的图标被称为桌面图标，双击桌面图标可以快速打开相应的文件、文件夹或应用程序。本节将介绍桌面图标的基本操作。

3.2.1 添加桌面图标

为了方便使用，用户可以将文件、文件夹和应用程序的图标添加到桌面上。

1. 添加文件或文件夹图标

添加文件或文件夹图标的具体操作步骤如下。

1 选择【桌面快捷方式】菜单命令

右键单击需要添加的文件或文件夹，在弹出的快捷菜单中选择【发送到】➤【桌面快捷方式】菜单命令。

2 图标添加到桌面

此文件或文件夹图标就添加到桌面。

2. 添加应用程序桌面图标

用户也可以将程序的快捷方式放置

在桌面上，下面以添加【记事本】为例进行讲解，具体操作步骤如下。

1 选择【打开文件位置】命令

单击【开始】按钮，在弹出的程序列表中，在放置的桌面程序图标，单击鼠标右键，在弹出的快捷菜单中选择【更多】➤【打开文件位置】命令。

2 选择【桌面快捷方式】命令

弹出如下窗口，右键单击【TIM】图标，在弹出的快捷菜单中选择【发送到】➤【桌面快捷方式】命令，即可添加到桌面。

3.2.2 删除桌面图标

对于不常用的桌面图标，用户可以将其删除，这样有利用管理，同时使桌面看起来更简洁美观。

1. 使用【删除】命令

在桌面上选择要删除的桌面图标，右键单击并在弹出的快捷菜单中选择【删除】菜单命令，即可将其删除。

> **提示**
> 删除的图标被放在【回收站】中，用户可以将其还原。

2. 利用快捷键删除

选择需要删除的桌面图标，按下【Delete】键，即可快速将图标删除。

如果想彻底删除桌面图标，按下【Delete】键的同时按下【Shift】键，此时会弹出【删除快捷方式】对话框，提示"你确定要永久删除此快捷方式吗？"，单击【是】按钮即可。

3.2.3 设置桌面图标的大小和排列方式

如果桌面上的图标比较多，会显得很乱，这时可以通过设置桌面图标的大小和排列方式等来整理桌面。具体操作步骤如下。

1 选择【大图标】菜单命令

在桌面的空白处右击，在弹出的快捷菜单中选择【查看】菜单命令，在弹出的子菜单中显示 3 种图标大小，包括大图标、中等图标和小图标。本实例选择【大图标】菜单命令。

2 桌面图标以大图标显示

返回桌面，此时桌面图标已经以大

图标的方式显示。

> **提示**
> 单击桌面任意位置，按【Ctrl】键不放，向上滚动鼠标滑轮，则缩小图标；向下滚动鼠标滑轮，则放大图标。

3 选择【名称】菜单命令

在桌面的空白处右击，然后在弹出的快捷菜单中选择【排列方式】菜单命令，在弹出的子菜单中有4种排列方式，分别为名称、大小、项目类型和修改日期，本实例选择【名称】菜单命令。

4 按名称排列图标

返回桌面，图标的排列方式将按名称进行排列，如下图所示。

3.3 实战——设置日期和时间

本节视频教学时间 / 7分钟

在 Windows 10 中，不仅可以查看日期，还可以查看农历信息、添加事件提醒以及添加闹钟等。

3.3.1 查看与调整日期和时间

用户可以查看和调整系统的日期和时间，下面介绍下具体的操作步骤。

1. 查看日期和时间

日期和时间位于任务栏的右下角位置，下面介绍如何查看日期和时间。

1 弹出当前日期和星期提示框

将鼠标指针移动到状态栏右下角的日期和时间上，即会弹出当前日期和星期提示框。

2 查看日历信息

单击任务栏右下角的"日期和时间"，弹出日历查看界面，显示本月的日历信

息，也可以单击∧按钮，可以查看上月的日历信息，单击∨按钮，可以查看下月的日历信息。

2. 调整日期和时间

如果系统日期和时间和当前日期不

一致，可以对其进行调整。

1 单击【调整日期 / 时间】命令

在任务栏右下角的"日期和时间"上右键单击，在弹出的菜单中，单击【调整日期 / 时间】命令。

2 单击【更改】按钮

打开【日期和时间】界面，将"自动设置时间"按钮设置为"关"，单击【更改】按钮。

3 输入时间和日期

弹出【更改日期和时间】对话框，用户可以选择或手动输入时间和日期，单击【更改】按钮即可更改。

4 将"自动设置时间"设置为"开"

另外，Windows 10 系统可以联网并自动修改时间，可以将"自动设置时间"开关按钮设置为"开"即可。

3.3.2 添加事件提醒

用户可以在 Windows 10 的日历中添加日程安排，方便在设定的时间做出提醒。

1 单击【显示日程】按钮

打开【日期和时间】界面，单击【显示日程】按钮。

2 显示日程区域

此时，即可显示日程区域，单击 + 按钮。

③ 单击【保存】按钮

弹出【日历】面板，在【开始】选项卡下设置日程信息，然后单击【保存】按钮。

④ 添加事件提醒

再次打开【日期和时间】界面，即可看到添加的事件提醒，如下图所示。

⑤ 弹出事件提醒

当到设定提醒时间时，桌面右下角即会弹出事件提醒，如下图所示。单击【推迟】按钮，会再次提醒；单击【取消】按钮，则取消提醒。

> **提示**
> 除了上述方法，用户还可以使用 Cortana 设置时间提醒，Cortana 的使用方法会在 9.1.4 小节介绍。

3.3.3 添加闹钟

想要在指定的时间提醒我们，可以通过添加闹钟的方法，提醒我们时间。

① 选择【闹钟和时钟】应用

按【Windows】键，打开"开始"屏幕，在所有程序列表中，选择【闹钟和时钟】应用。

② 单击【添加新闹钟】按钮

打开【闹钟和时钟】应用面板，单击【添加新闹钟】按钮。

③ 单击【保存】按钮

设置【新闹钟】的时间、闹钟名称、重复、声音及暂停时间等，然后单击【保存】按钮 。

5 弹出【闹钟】通知

当到指定的时间时，即会弹出【闹钟】通知，如下图所示。

4 添加的新闹钟

返回【闹钟】页面，即可看到添加的新闹钟，并处于开启状态。

6 开启或关闭闹钟

另外，用户也可以在【闹钟和时钟】面板中，开启或关闭闹钟。

3.4 实战——Microsoft 账户的设置

本节视频教学时间 / 13 分钟

管理 Windows 用户账户是使用 Windows 10 系统的第一步。

3.4.1 认识 Microsoft 账户

在 Windows 10 中，系统中集成了很多 Microsoft 服务，但都需要使用 Microsoft 账户才能使用这些服务。

使用 Microsoft 账户可以登录并使用任何 Microsoft 应用程序和服务，如 Hotmail、Office 365、OneDrive、Skype、Xbox 等，而且登录 Microsoft 账户后，还可以在多个 Windows 10 设备上同步设置和操作内容。

用户使用 Microsoft 账户登录本地计算机后，部分 Modern 应用启动时默认使用 Microsoft 账户，如 Windows 应用商店，使用 Microsoft 账户才能购买并下载 Modern 应用程序。

3.4.2 注册并登录 Microsoft 账户

在首次使用 Windows 10 时，系统会以计算机的名称，创建本地账户，如果需要改用 Microsoft 账户，就需要注册并登录 Microsoft 账户。具体操作步骤如下。

1 单击【更改账户设置】命令

按【Windows】键，弹出"开始"菜单，单击本地账户头像，在弹出的快捷菜单中单击【更改账户设置】命令。

2 改用 Microsoft 账户登录

在弹出的【设置—账户信息】界面中，单击【改用 Microsoft 账户登录】超链接。

3 单击【创建一个】超链接

弹出【个性化设置】对话框，输入 Microsoft 账户，单击【下一步】按钮即可。如果没有 Microsoft 账户，则单击【创建一个】超链接。这里单击【创建一个】超链接。

4 输入信息

弹出【让我们来创建你的账户】对话框，在信息文本框中输入相应的信息、邮箱地址和使用密码等，单击【下一步】按钮。

5 单击【下一步】按钮

在弹出【查看与你相关度最高的内容】的对话框中，单击【下一步】按钮。

6 输入密码

弹出【使用你的 Microsoft 账户登录此设备】对话框，在【旧密码】文本中，输入设置的本地账户密码（即开机登录密码），如果没有设置密码，无需填写，直接单击【下一步】按钮。

7 单击【下一步】按钮

弹出【创建 PIN】对话框，单击【下一步】按钮。

8 再次输入确认 PIN 码

在弹出的【设置 PIN】对话框中，输入新 PIN 码，并再次输入确认 PIN 码，单击【确定】按钮。

9 单击【验证】超链接

设置完成后，即可在【账户信息】下可以看到登录的账户信息。微软为了确保用户账户使用安全，需要对注册的邮箱或手机号进行验证，此时请单击【验证】超链接。

10 输入安全代码

进入【验证你的电子邮件】对话框，输入邮箱收到的安全代码，并单击【下一步】按钮。

⑪ 完成设置

返回【账户信息】界面，即可看到【验证】超链接已消失，表示已完成设置，如右图所示。此时，即可正常使用该账号。

3.4.3 添加账户头像

登录 Microsoft 账户后，默认没有任何头像，用户可以将喜欢的图片，设置为该账户的头像，具体操作步骤如下。

① 单击【从现有图片中选择】选项

在【账户信息】界面下，单击【创建你的头像】下的【从现有图片中选择】选项。

② 选择图片

弹出【打开】对话框，从电脑中选择要设置的图片，并单击【选择图片】按钮。

③ 设置头像

返回【账户】对话框，即可看到设置好的头像。

3.4.4 更改账户密码

定期的更改账户密码，可以确保账户的安全，具体修改步骤如下。

① 单击【更改】按钮

打开【账户】对话框，单击【登录选项】选项，在其界面中，单击【密码】区域中的【更改】按钮。

提示

按【Windows+I】组合键，打开【设置】对话框，选择【账户】图标选项，即可进入【账户】对话框。

② 输入 PIN 码

在弹出的如下对话框中，输入 PIN 码。

③ 输入当前密码、新密码

自动进入【更改密码】界面，分别输入当前密码、新密码，并单击【下一步】按钮。

④ 单击【完成】按钮

提示更改密码成功后，单击【完成】按钮即可。

3.4.5 使用动态锁保护隐私

动态锁是 Windows 10 新版本中更新的一个功能，它可以通过电脑上的蓝牙和蓝牙设备（如手机、手环）配对，当离开电脑时带上蓝牙设备，并走出蓝牙覆盖范围约 1 分钟后，将会自动锁定你的电脑。

① 添加蓝牙或其他设备

首先确保电脑支持蓝牙，并打开手机的蓝牙功能。然后打开【设置】➤【设备】➤【蓝牙和其他设备】选项，先将【蓝牙】下方的按钮设置为【开】，然后单击【添加蓝牙或其他设备】按钮。

② 单击【蓝牙】选项

在弹出的【添加设备】对话框中，单击【蓝牙】选项。

③ 选择要连接的设备

在可连接的设备列表中，选择要连

接的设备，如这里选择连接手机。

提示

如果无法扫描到配对的蓝牙设备，请确保设备蓝牙功能的【可被发现】设置为"开"状态。

4 单击【连接】按钮

在弹出匹配信息时，分别单击手机和电脑上弹出对话框中的【连接】按钮。

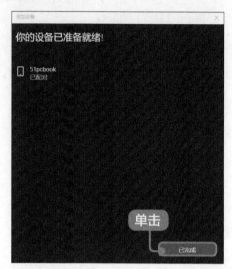

5 配对成功

如果提示配对成功，则单击【已完成】按钮。

6 自动锁定

打开【设置】▶【账户】▶【登录选项】选项，在"动态锁"下，勾选【允许 Windows 在你离开时自动锁定设备】复选框即可完成设置。此时，当走出蓝牙覆盖范围后不久，Windows Hello 便可以通过已与你的设备配对的手机进行自动锁定。

3.4.6 使用图片密码

图片密码是 Windows 10 中集成的一种新的密码登录方式，用户可以选择一张图片，通过绘制一组手势，在登录系统时，绘制与之相同的手势，则可登录系统。具体操作步骤如下。

1 单击【添加】按钮

在【账户】界面，单击【登录选项】选项，然后单击【图片密码】区域下的【添加】按钮。

2 输入密码

进入图片密码设置界面，首先弹出【创建图片密码】对话框，在【密码】文本框中输入当前账户密码，并单击【确定】按钮。

3 单击【选择图片】按钮

如果第一次使用图片密码，系统会在界面左侧介绍如何创建手势，右侧为创建手势的演示动画，清楚如何绘制手势后，单击【选择图片】按钮。

4 重新选取图片

选择图片后，系统会提示是否使用该图片，用户可以通过拖曳图片，确定它的显示区域。单击【使用此图片】按钮，开始创建手势组合；单击【选择新图片】按钮，可以重新选取图片。

5 创建手势

进入【设置你的手势】界面，用户可以依次绘制3个手势，手势可以使用圆、直线和点等，界面左侧的3个数字显示创建至第几个手势，完成后这3个手势将成为图片的密码。

6 进行验证

进入【确认你的手势】界面，重新

绘制手势进行验证。

7 完成创建

验证通过后，则会提示图片密码创建成功，如果验证失败，系统则会演示创建的手势组合，重新验证即可。提示创建成功后，单击【完成】按钮即可关闭该窗口，完成创建。

> **📢 提示**
>
> 创建图片密码后，重新登录或解锁操作系统时，即可使用图片密码进行登录。

用户也可以单击【登录选项】按钮，使用密码或 PIN 进行登录操作系统。如果图片密码登录输入次数达到 5 次，则不能再使用图片密码登录，只能使用密码或 PIN 进行登录。

3.5 实战——Windows 10 的多任务处理

本节视频教学时间 / 14 分钟 ▶

Windows 10 系统的多任务处理功能，可以提高用户的电脑使用效率，如贴靠窗口、时间线和虚拟桌面等，下面介绍它们的使用方法。

3.5.1 多任务窗口贴靠显示

在 Windows 10 系统中，如果需要同时处理两个窗口时，可以使用贴靠功能，使屏幕上同时显示两个不同应用程序的窗口，可以大大提高工作效率。

1 窗口贴边显示

按住一个窗口的标题栏，拖曳至屏幕左右边缘或角落位置，窗口会出现气泡，此时松开鼠标，窗口即会贴边显示。其他窗口则在窗口以缩略图的形式显示。

查看的窗口，即可打开查看，如下图所示。

2 选择要查看的窗口

在左侧缩略图中，选择一个要对比

3.5.2 多任务不干扰的"虚拟桌面"

虚拟桌面是 Windows 10 操作系统中新增的功能，可以创建多个传统桌面环境，给用户带来更多的桌面使用空间，在不同的虚拟桌面中，放置不同的窗口。

1 单击【新建桌面】选项

按任务栏上的【任务视图】按钮 或【Windows+Tab】组合键，即可显示当前桌面环境中的窗口，用户可单击不同的窗口，进行切换或者关闭该窗口。如果要创建虚拟桌面，单击左上角的【新建桌面】选项。

切换虚拟桌面

> **提示**
> 按【Windows+Ctrl+D】组合键也可以快速创建虚拟桌面。

2 快速切换虚拟桌面

此时，即可看到创建的虚拟桌面列表。同时，用户可以单击【新建桌面】选项创建多个虚拟桌面，且没有数量限制。用户可以按【Windows+Ctrl+ 左 / 右方向】组合键，快速切换虚拟桌面。

3 单击虚拟桌面缩略图

创建虚拟桌面后，用户可以单击不同的虚拟桌面缩略图，如在"桌面 2"中打开了某些程序，就会在这个桌面上显示，如下图所示。

4 选择要移动的桌面

虽然虚拟桌面之间并不冲突，但是

用户可以将任意一个桌面上的窗口移动到另外一个桌面上。右键单击要移动的窗口，在弹出的快捷菜单中，选择【移动到】菜单命令，然后在子菜单中选择要移动的桌面，此处选择"桌面1"，单击即可。

> **提示**
> 用户也可以选择要移动的窗口，单击鼠标左键不放，拖曳至其他桌面完成移动。

5 单击关闭按钮

如果要关闭虚拟桌面，单击虚拟桌面列表右上角的关闭按钮即可，也可以

在需要删除的虚拟桌面环境中按【Windows+Ctrl+F4】组合键关闭。

6 合并到"桌面1"

此时，"桌面2"中的打开的程序会合并到"桌面1"中，如下图所示。

3.5.3 返回时间线中过去的活动

Windows 10 新版本中推出了时间线功能，它是一个基于时间的新任务视图。开启时间线后，可以跟踪用户在 Windows 10 上所做的事情，例如访问的文件、浏览器、文件夹、文档、应用程序等，就像历史记录一样，可以保留用户浏览的任何记录，并且可以立即跳回到特定的文件、网页或浏览器中，这样用户再也不用为自己是否保存工作而担心。

不过时间线并不是所有活动都可以跟踪，仅适用于商店中的 Microsoft 产品或应用程序。如果其他浏览器作为默认浏览器，则时间线就无法准确跟踪它的记录。

1. 查看时间线上的活动

默认情况下，时间线会显示用户从今天早些时候或者过去某个特定日期起操作内容的快照，用户可以打开任务视图查看时间线上的活动，具体步骤如下。

1 单击【任务视图】按钮

单击任务栏中的【任务视图】按钮或按【Windows+Tab】组合键。

2 浏览时间轴

此时，即可快速打开任务视图，在桌面上侧显示了当前已开启的应用程序和所有活动的卡片式缩略图。拖曳右侧的轴或者向下滚动鼠标滑轮，即可浏览时间轴上的历史活动，如下图所示。

3 查看其他活动记录

当时间线中有超过一定数量的活动记录时，时间线上会显示一个链接，该链接将被标记为"查看所有 × 次活动"。单击该链接，会展开一个详细的时间线，并且显示每小时的活动，可向下拖曳，查看其他时间段活动记录。

4 查看历史活动

当再次单击【仅查看主要活动】链接，即可返回【任务视图】窗口，可以向下查看其他日期的历史活动。

5 搜索出相关结果

如果时间线上的活动过多，可以通过右上角的【搜索】按钮进行查看。单击该按钮，输入要搜索的历史活动，即可搜索出相关结果，如下图所示。

6 查看某个历史活动

如果要查看某个历史活动，单击该活动卡即可查看，如下图所示。

2.清除时间线上的记录

如果不希望别人看到自己的历史活动记录，可以根据需要对其进行删除。

1 删除记录

删除某项活动。在时间线窗口，选择要删除的活动记录，并右键单击活动卡，在弹出的快捷菜单中选择【删除】命令，即可删除该项记录。

2 选择删除命令

如果要删除某一天的所有活动记录，右键单击该日期下的任一活动卡，在弹出的菜单中，选择【清除从 ×××× 起的所有内容】命令。

提示

其中，【清除从 ×××× 起的所有内容】命令中的"××××"是某一天的具体日期。

3 单击【是】按钮

此时，即可弹出如下图所示提示框，单击【是】按钮，即可删除某一天的所有活动。

4 选择删除某个时段的所有活动命令

删除某一天某个时段的所有活动。进入某一天的详细时间线窗口，右键单击该时间段下的任一活动卡，在弹出的菜单中，选择【清除从 ×× 起的所有内容】命令，在弹出的提示框中，单击【是】按钮，即可删除。

提示

其中，【清除从 ×× 起的所有内容】命令中的"××"某一时间的具体时间。

3. 完全关闭时间线

如果不希望使用时间线功能，可以将其关闭，具体步骤如下。

1 单击【隐私】选项

按【Windows+I】组合键，打开【设置】面板，并单击【隐私】选项。

2 设置为"关"

在弹出的【设置—隐私】面板中，选择左侧列表中的【活动历史记录】选项，并在显示的右侧区域中，将【显示账户活动】下的按钮，设置为"关"。

天的时间线，也无法使用跨设备活动。

提示

若要停止在本地保存活动历史记录，去除勾选【允许 Windows 从此电脑中收集我的活动】复选框。如果关闭此功能，则无法使用依赖活动历史记录的任何设备上功能，例如时间线或 Cortana 的"继续中断的工作"功能，但用户仍可以在 Microsoft Edge 中查看你的浏览历史记录。

若要停止向 Microsoft 发送活动历史记录。去除勾选【允许 Windows 将我的活动从此电脑同步到云】复选框。如果关闭同步功能，则无法使用完整的 30

3 不显示时间线功能

再次进入【任务视图】窗口，已不显示时间线功能，如下图所示。

高手私房菜

技巧 1：调大电脑上显示的字体

用户可以将电脑上显示的字体调大，以更方便地进行阅读。

1 选择【显示设置】菜单命令

在桌面的空白处右击，在弹出的快捷菜单中选择【显示设置】菜单命令。

2 选择【125%】选项

弹出的【设置—显示】窗口，在右侧的【更改文本、应用等项目的大小】的下拉按钮，在弹出的列表中选择【125%】选项。

3 调大字体

按【Windows+D】组合键，显示桌面，即可看到调大字体后的效果。

技巧2：取消开机密码，设置 Windows 自动登录

虽然使用账户登录密码，可以保护电脑的隐私安全，但是每次登录时都要输入密码，对于一部分用户来讲，太过于麻烦。用户可以根据需求，选择是否使用开机密码，如果希望 Windows 可以跳过输入密码直接登录，可以参照以下步骤。

1 输入"netplwiz"

在电脑桌面中，按【Windows+R】组合键，打开【运行】对话框，在文本框中输入"netplwiz"，按【Enter】键确认。

2 单击【应用】按钮

弹出【用户账户】对话框，选中本机用户，并取消勾选【要使用本计算机，用户必须输入用户名和密码】复选框，单击【应用】按钮。

3 取消开机登录密码

弹出【自动登录】对话框，在【密码】和【确认密码】文本框中输入当前账户密码，然后单击【确定】按钮，即可取消开机登录密码。

4 直接登录系统

再次重新登录时，无需输入用户名和密码，直接登录系统。

提示

如果在锁屏状态下，则还是需要输入账户密码的，只有在启动系统登录时，可以免输入账户密码。

第 4 章

管理电脑文件和文件夹

本章视频教学时间 / 39 分钟

重点导读

文件和文件夹是 Windows 10 操作系统资源的重要组成部分。用户只有掌握好管理文件和文件夹的基本操作，才能更好地运用操作系统完成工作和学习。本章主要讲述 Windows 10 中文件和文件夹的基本操作。

学习效果图

4.1 实战——文件和文件夹的管理

本节视频教学时间 / 5 分钟

Windows 10 系统一般是用【此电脑】来存放文件，此外也可以用移动存储设备存放文件，如 U 盘、移动 U 盘及手机的内部存储等。

4.1.1 电脑

理论上来说，文件可以被存放在【此电脑】的任意位置。但是为了便于管理，文件应按性质分盘存放。

通常情况下，电脑的硬盘最少需要划分为 3 个分区：C、D 和 E 盘。3 个盘的功能分别如下。

（1）C 盘。C 盘主要是用来存放系统文件。所谓系统文件，是指操作系统和应用软件中的系统操作部分。一般系统默认情况下都会被安装在 C 盘，包括常用的程序。

（2）D 盘。D 盘主要用来存放应用软件文件。如 Office、Photoshop 和 3ds Max 等程序，常常被安装在 D 盘。对于软件的安装，有以下常见的原则。

① 一般小的软件，如 RAR 压缩软件等可以安装在 C 盘。

② 对于大的软件，如 Office 2016，建议安装在 D 盘。

> **提示**
>
> 几乎所有软件默认的安装路径都在 C 盘中，电脑用得越久，C 盘被占用的空间越多。随着时间的增加，系统反应会越来越慢。所以安装软件时，需要根据具体情况改变安装路径。

（3）E 盘。E 盘用来存放用户自己的文件，如用户自己的电影、图片和资料文件等。如果硬盘还有多余的空间，可以添加更多的分区。

4.1.2 文件夹组

【文件夹组】是 Windows 10 中的一个系统文件夹，系统为每个用户建立了文件夹，主要用于保存视频、图片、文档、下载、音乐以及桌面等，当然也可以保存其他任何文件。对于常用的文件，用户可以将其存放在【文件夹组】对应的文件夹中，以便于及时调用。

4.2 认识文件和文件夹

本节视频教学时间 / 12 分钟

在 Windows 10 操作系统中，文件是最小的数据组织单位。文件中可以存放文本、图像和数值数据等信息。而硬盘则是存储文件的大容量存储设备，其中可以存储很多文件。同时为了便于管理文件，还可以把文件组织到文件夹和子文件夹中去。

4.2.1 文件

文件是 Windows 存取磁盘信息的基本单位，一个文件是磁盘上存储的信息的一个集合，可以是文字、图片、影片或一个应用程序等。每个文件都有自己唯一的名称，Windows 10 正是通过文件的名字来对文件进行管理的。

Windows 10 与 DOS 最显著的差别就是它支持长文件名，甚至在文件和文件夹名称中允许有空格。在 Windows 7 中，默认情况下系统自动按照类型显示和查找文件。有时为了方便查找和转换，也可以为文件指定扩展名。

1. 文件名的组成

在 Windows 10 操作系统中，文件名由"基本名"和"扩展名"构成，它们之间用英文"."隔开。例如，文件"tupian.jpg"的基本名是"tupian"，扩展名是"jpg"，文件"月末总结 .docx"的基本名是"月末总结"，扩展名是"docx"。

> **提示**
> 文件可以只有基本名，没有扩展名，但不能只有扩展名，没有基本名。

2. 文件命名规则

文件的命名有以下规则。

（1）文件名称长度最多可达 256 个字符，1 个汉字相当于 2 个字符。

文件名中不能出现这些字符：斜线（\、/）、竖线（|）、小于号（<）、大于号（>）、冒号（：）、引号（"）、问号（?）、星号（*）。

文件名不能包含下列任何字符:
\ / : * ? " < > |

> **提示**
> 不能出现的字符在计算机中有特殊的用途。

（2）文件命名不区分大小写字母，如"abc.txt"和"ABC.txt"是同一个文件名。

（3）同一个文件夹下的文件名称不能相同。

3. 文件地址

文件的地址由"盘符"和"文件夹"组成，它们之间用一个反斜杠"\"隔开，其中后一个文件夹是前一个文件夹的子文件夹。例如" E:\Work\Monday\ 总结报告 .docx"的地址是"E:\Work\Monday"，其中"Monday"文件夹是"Work"

文件夹的子文件夹，如下图所示。

4. 文件图标

在 Windows 10 操作系统中，文件的图标和扩展名代表了文件的类型，而且文件的图标和扩展名之间有一定的对应关系，看到文件的图标，知道文件的扩展名就能判断出文件的类型。例如文本文件中后缀名为".docx"的文件图标为，图片文件中后缀名".jpeg"的文件图标为，压缩文件中后缀名".rar"的文件图标为，视频文件中后缀名".avi"的文件图标为。

5. 文件大小

查看文件的大小有两种方法。

方法 1：选择要查看大小的文件并单击鼠标右键，在弹出的快捷菜单中选择【属性】菜单命令，即可在打开的【属性】对话框中查看文件的大小。

> **提示**
> 文件的大小用 B（Byte 字节）、KB（千字节）、MB（兆字节）和 GB（吉字节）做单位。1 个字节（1B）能存储一个英文字符，1 个汉字占两个字节。

方法 2：打开包含要查看文件的文件夹，单击窗口右下角的按钮，即可在文件夹中查看文件的大小。

4.2.2 文件夹

在 Windows 10 操作系统中，文件夹主要用来存放文件，是存放文件的容器。

文件夹是从 Windows 95 开始提出的一个概念。它实际上是 DOS 中目录的概念，在过去的电脑操作系统中，习惯把它称为目录。树状结构的文件夹是目前微型电脑操作系统的流行文件管理模式。它的结构层次分明，容易被人们理解，只要用户明白它的基本概念，就可以熟练使用它。

1. 文件夹命名规则

在 Windows 10 中，文件夹的命名有以下规则。

（1）文件夹名称长度最多可达 256 个字符，1 个汉字相当于 2 个字符。

文件夹名中不能出现这些字符：斜线（\、/）、竖线（|）、小于号（<）、大于号（>）、冒号（：）、引号（"）、问号（？）、星号（*）。

（2）文件夹不区分大小写字母，如"abc"和"ABC"是同一个文件夹名。

（3）文件夹通常没有扩展名。

（4）同一个文件夹中文件夹不能同名。

2. 选择文件或文件夹

（1）单击即可选择一个对象。

（2）单击菜单栏中的【编辑】➤【全选】菜单命令或按【Ctrl+A】组合键，即可选择所有对象。

（3）选择一个对象，按住【Ctrl】键，同时单击其他对象，可以选择不连续的多个对象。

（4）选择第一个对象，按住【Shift】键单击最后一个对象，或拖曳鼠标指针绘制矩形框选择多个对象，都可以选择连续的多个对象。

3. 文件夹大小

文件夹的大小单位与文件的大小单位相同，但只能使用【属性】对话框查看文件夹的大小。选择要查看的文件夹并单击鼠标右键，在弹出的快捷菜单中选择【属性】菜单命令，在弹出的【属性】对话框中即可查看文件夹的大小

4.3 实战——文件和文件夹的基本操作

本节视频教学时间 / 18 分钟 ▶

文件和文件夹是 Windows 10 操作系统资源的重要组成部分。用户只有掌握好管理文件和文件夹的基本操作，才能更好地运用操作系统完成工作和学习。

4.3.1 找到电脑上的文件和文件夹

双击桌面上的【此电脑】图标，进入任意一个本地磁盘，即可看到其中分布的文件夹，如下图所示。

扩展名是 Windows 10 操作系统识别文件的重要方法，因而了解常见的文件扩展名对于学习和管理文件有很大的帮助。

文件的种类是由文件的扩展名来标示的，由于扩展名是无限制的，所以文件的类型自然也就是无限制的。文件的

4.3.2 文件资源管理功能区

在 Windows 10 操作系统中，文件资源管理器采用了 Ribbon 界面，其实它并不是首次出现，在 Office 2007 到 Office 2016 都采用了 Ribbon 界面，最明显的标识就是采用了标签页和功能区的形式，便于用户的管理。而本节介绍 Ribbon 界面，主要目的是方便用户可以通过新的功能区，对文件和文件夹进行管理。

在文件资源管理器中，默认隐藏功能区，用户可以单击窗口最右侧的向下按钮或按【Ctrl+F1】组合键展开或隐藏功能区。另外，单击标签页选项卡，也可显示功能区。

在 Ribbon 界面中，主要包含计算机、主页、共享和查看 4 种标签页，单击不同的标签页，则包含不同类型的命令。

1. 计算机标签页

双击【此电脑】图标，进入【此电脑】窗口，默认显示【计算机】标签页，主要包含了对电脑的常用操作，如磁盘操作、网络位置、打开设置、程序卸载、查看系统属性等。

2. 主页标签页

打开任意磁盘或文件夹，可看到【主页】标签页，主要包含对文件或文件夹的复制、移动、粘贴、重命名、删除、查看属性和选择等操作，如下图所示。

3. 共享标签页

【共享】标签页中，主要包括对文件的发送和共享操作，如文件压缩、刻录、打印等。

4. 查看标签页

【查看】标签页中，主要包含对窗口、布局、视图和显示 / 隐藏等操作，如文件或文件夹显示方式、排列文件或文件夹、显示 / 隐藏文件或文件夹都可在该标签页中进行操作。

除了上述主要的标签页外，当文件夹中包含图片时，则会出现【图片工具】标签页；当文件夹中包含音乐文件时，则会出现【音乐工具】标签页。另外，还有【管理】、【解压缩】、【应用程序工具】等标签页。

4.3.3 打开 / 关闭文件或文件夹

对文件或文件夹进行最多的操作就是打开和关闭，下面就介绍打开和关闭文件或文件夹的常用方法。

（1）双击要打开的文件。

（2）在需要打开的文件名上单击鼠标右键，在弹出的快捷菜单中选择【打开】菜单命令。

（3）利用【打开方式】打开，具体操作步骤如下。

1 选择【写字板】方式

在需要打开的文件名上单击鼠标右键，在弹出的快捷菜单中选择【打开方式】菜单命令，在其子菜单中选择相关的软件，如这里选择【写字板】方式打开记事本文件。

2 打开记事本文件

写字板软件将自动打开选择的记事本文件。

4.3.4 更改文件或文件夹的名称

新建文件或文件夹后，都有一个默认的名称作为文件名，用户可以根据需要给新建的或已有的文件或文件夹重新命名。

更改文件名称和更改文件夹名称的操作类似，主要有 3 种方法。

1. 使用功能区

选择要重新命名的文件或文件夹，单击【主页】标签页，在【组织】功能区中，单击【重命名】按钮，文件或文件夹即可进入编辑状态，输入要命名的名称，单击【Enter】键进行确认。

2. 右键菜单命令

选择要重新命名的文件或文件夹，单击鼠标右键，在弹出的菜单命令中选择【重命名】菜单命令，文件或文件夹

即可进入编辑状态，输入要命名的名称，单击【Enter】键进行确认。

3. F2 快捷键

选择要重新命名的文件或文件夹，按【F2】键，文件或文件夹即可进入编辑状态，输入要命名的名称，单击【Enter】键进行确认。

提示

在重命名文件时，不能改变已有文件的扩展名，否则可能会导致文件不可用。

4.3.5 复制 / 移动文件或文件夹

对一些文件或文件夹进行备份，也就是创建文件的副本，或者改变文件的位置，这就需要对文件或文件夹进行复制或移动操作。

1. 复制文件或文件夹

复制文件或文件夹的方法有以下4种。

（1）在需要复制的文件或文件夹名上单击鼠标右键，在弹出的快捷菜单中选择【复制】菜单命令。选定目标存储位置，单击鼠标右键，在弹出的快捷菜单中选择【粘贴】菜单命令即可。

（2）选择要复制的文件或文件夹，按住【Ctrl】键并拖曳到目标位置。

（3）选择要复制的文件或文件夹，按住鼠标右键并拖曳到目标位置，在弹出的快捷菜单中选择【复制到当前位置】菜单命令。

（4）选择要复制的文件或文件夹，按【Ctrl+C】组合键，然后在目标位置按【Ctrl+V】组合键即可。

2. 移动文件或文件夹

移动文件的方法有以下4种。

（1）在需要移动的文件或文件夹名上单击鼠标右键，在弹出的快捷菜单中选择【剪切】菜单命令。选定目标存储位置，单击鼠标右键，在弹出的快捷菜单中选择【粘贴】菜单命令即可。

（2）选择要移动的文件或文件夹，按住【Shift】键并拖曳到目标位置。

（3）选中要移动的文件或文件夹，用鼠标指针直接将其拖曳到目标位置，即可完成文件或文件夹的移动操作，这也是最简单的一种操作。

（4）选择要移动的文件或文件夹，按【Ctrl+X】组合键，然后在目标位置按【Ctrl+V】组合键即可。

4.3.6 隐藏 / 显示文件或文件夹

隐藏文件或文件夹可以增强文件的安全性，同时可以防止误操作导致文件或文件夹丢失。隐藏与显示文件或文件夹的操作类似，本节仅以隐藏和显示文件为例进行介绍。

1. 隐藏文件

隐藏文件的操作步骤如下。

1 选择【属性】菜单命令

选择需要隐藏的文件并单击鼠标右键，在弹出的快捷菜单中选择【属性】菜单命令。

2 勾选【隐藏】复选框

弹出【属性】对话框，选择【常规】选项卡，然后勾选【隐藏】复选框，单击【确定】按钮，选择的文件被成功隐藏。

2. 显示文件

文件被隐藏后，用户要想调出隐藏文件，需要显示文件，具体操作步骤如下。

1 勾选【隐藏的项目】复选框

按一下【Alt】功能键，调出功能区，选择【查看】标签页，单击勾选【显示 / 隐藏】的【隐藏的项目】复选框，即可看到隐藏的文件或文件夹。

2 取消【隐藏】复选框

右键单击该文件，弹出【属性】对话框，选择【常规】选项卡，然后取消【隐藏】复选框，单击【确定】按钮，成功显示隐藏的文件。

技巧1: 添加常用文件夹到"开始"屏幕

在 Windows 10 中，用户可以自定义"开始"屏幕显示的内容，可以把常用文件夹（例如文档、图片、音乐、视频、下载等常用文件夹）添加到"开始"屏幕上。

1 打开【设置】窗口

按【Windows+I】组合键，打开【设置】窗口，并单击【个性化】➤【开始】➤【选择哪些文件夹显示在"开始"菜单上】链接。

3 打开"开始"屏幕

关闭【设置】对话框，按【Windows】键，打开"开始"屏幕，即可看到添加的文件夹。

2 打开【文件资源管理器】

在弹出的窗口中选择要添加"开始"屏幕上的文件夹，这里以【文件资源管理器】为例，将【文件资源管理器】按钮设置为"开"。

技巧2: 如何快速查找文件

下面简单介绍文件的搜索技巧。

（1）关键词搜索

利用关键词可以精准地搜索到某个文件，可以从以下元素入手，进行搜索。

① 文档搜索——文档的标题、创建时间、关键词、作者、摘要、内容、大小。

② 音乐搜索——音乐文件的标题、艺术家、唱片集、流派。

③ 图片搜索——图片的标题、日期、类型、备注。

因此，在创建文件或文件夹时，建议尽可能地完善属性信息，方便查找。

（2）缩小搜索范围

如果知道被搜索文件的大致范围，就尽量缩小搜索范围，如在 J 盘，可打开 J 盘，按【Ctrl+F】组合键，单击【搜索】标签页，在【优化】组中设置日期、类型、大小和其他属性信息。

（3）添加索引

在 Windows 10 系统文件资源管理器窗口中，可以通过【选项】组中的【高级选择】，使用索引，根据提示确认对此位置进行索引。这样可以快速搜索到需要查找的文件。

第 5 章

轻松学会打字

本章视频教学时间 / 1 小时 3 分钟

🎧 重点导读

学会输入汉字和英文是使用电脑的第一步。对于英文，只要按键盘上的字符键就可以输入了。而汉字却不能像英文那样直接输入电脑中，需要使用英文字母和数字对汉字进行编码，然后通过输入编码得到所需汉字，这就是汉字输入法。本章主要讲述输入法的管理以及拼音打字和五笔打字的方法。

📖 学习效果图

5.1 实战——正确的指法操作

本节视频教学时间 / 8 分钟

要在电脑中输入文字或输入操作命令，通常需要使用键盘。使用键盘时，为了防止由于坐姿不对造成身体疲劳，以及指法不对造成手臂疲劳的现象发生，用户一定要有正确的坐姿并掌握击键要领，劳逸结合，尽量减小使用电脑过程中造成身体疲劳的程度。本节介绍使用键盘的基本方法。

5.1.1 手指的基准键位

为了保证指法的出击迅速，在没有击键时，十指可放在键盘的中央位置，也就是基准键位上，这样无论是敲击上方的按键还是下方的按键，都可以快速进行击键并返回。

键盘中有 8 个按键被规定为基准键位，基准键位位于主键盘区，是打字时确定其他键位置的标准，从左到右依次为【A】【S】【D】【F】【J】【K】【L】和【；】，如下图所示。在敲击按键前，将手指放在基准键位时，手指要虚放在按键上，注意不要按下按键。

> 📢 **提示**
>
> 基准键共有 8 个，其中【F】键和【J】键上都有一个凸起的小横杠，用于盲打时手指通过触觉定位。另外，两手的大拇指要放在空格键上。

5.1.2 手指的正确分工

指法就是指按键的手指分工。键盘的排列是根据字母在英文打字中出现的频率而精心设计的，正确的指法可以提高手指击键的速度，提高输入的准确率，同时也可以减少手指疲劳。

在敲击按键时，每个手指要负责所对应的基准键周围的按键，左右手所负责的按键具体分配情况如下图所示。

图中用不同颜色和线条区分了双手十指具体负责的键位，具体说明如下。

（1）左手

食指负责的键位有 4、5、R、T、F、G、V、B 八个键；中指负责 3、E、D、C 四个键；无名指负责 2、W、S、X 四个键；小指负责 1、Q、A、Z 及其左边的所有键位。

（2）右手

食指负责 6、7、Y、U、H、J、N、M 八个键；中指负责 8、I、K、","四个键，无名指负责 9、O、L、"。"四个键；小指负责 0、P、";"、"/"及其右边的所有键位。

（3）拇指

双手的拇指用来控制空格键。

📢 **提示**

在敲击按键时，手指应该放在基准键位上，迅速出击，快速返回。一直保持手指在基准键位上，才能达到快速输入的效果。

5.1.3 正确的打字姿势

在使用键盘进行编辑操作时，正确的坐姿可以帮助用户提高打字速度，减少疲劳。正确的打字姿势如下图所示，具体要求如下。

（1）座椅高度合适，坐姿端正自然，两脚平放，全身放松，上身挺直并稍微前倾。

（2）眼睛距显示器的距离为 30 ~ 40cm，并让视线与显示器保持 15° ~ 20° 的角度。

（3）两肘贴近身体，下臂和腕向上倾斜，与键盘保持相同的斜度；手指略弯曲，指尖轻放在基准键位上，左右手的大拇指轻轻放在空格键上。

（4）大腿自然平直，与小脚之间的角度为 90°，双脚平放于地面上。

（5）按键时，手抬起，伸出要按键的手指按键，按键要轻巧，用力要均匀。

📢 **提示**

使用电脑过程中要适当休息，连续坐了 2 个小时后，就要让眼睛休息一下，防止眼睛疲劳，以保护视力。

5.1.4 按键的敲打要领

了解指法规则及打字姿势后即可进行输入操作。击键时要按照指法规则，十个手指各司其职，采用正确的击键方法。

（1）击键前，除拇指外的 8 个手指要放置在基准键位上，指关节自然弯曲，手指的第一关节与键面垂直，手腕要平直，手臂保持不动。

（2）击键时，用各手指的第一指腹击键。以与指尖垂直的方向，向键位瞬间爆发冲击力，并立即反弹，力量要适中。做到稳、准、快，不拖拉犹豫。

（3）击键后，手指立即回到基准键位上，为下一次击键做好准备。

（4）不击键的手指不要离开基本键位。

（5）需要同时击两个键时，若两个键分别位于左右手区，则由左右手各击相对应的键。

（6）击键时，喜欢单手操作是初学者的习惯，在打字初期一定要克服这个毛病，进行双手操作。

5.2 实战——输入法的管理

本节视频教学时间 / 13 分钟

本节主要介绍输入法的基本概念、安装和删除输入法以及如何设置默认的输入法。

5.2.1 输入法的种类

输入法是指为了将各种符号输入计算机或其他设备而采用的编码方法。汉字输入的编码方法基本上都是将音、形、义与特定的键相联系，再根据不同汉字进行组合来完成汉字的输入。

目前，键盘输入的解决方案有区位码、拼音、表形码和五笔字型等。在这几种输入方案中，又以拼音输入法和五笔字型输入法为主。

拼音输入是常见的一种输入方法，用户最初的输入形式基本都是从拼音开始的。拼音输入法是按照拼音规定来输入汉字的，不需要特殊记忆，符合人的思维习惯，只要会拼音就可以输入汉字。

而五笔字型输入法（简称五笔）是依据笔画和字形特征对汉字进行编码，是典型的形码输入法。五笔是目前常用的汉字输入法之一。五笔相对于拼音输入法具有重码率低的特点，熟练后可快速输入汉字。

5.2.2 挑选合适的输入法

随着网络的快速发展，各类输入法软件也如雨后春笋般飞速发展，面对如此多的输入法软件，很多人都觉得很迷茫，不知道应该选择哪一种，这里，作者将从不同的角度出发，告诉您如何挑选一款适合自己的输入法。

1. 根据自己的输入方式

有些人不懂拼音，这些人就适合使用五笔输入法；相反，有些人对于拆分汉字很难上手，这些人最好是选择拼音输入法。

2. 根据输入法的性能

功能上更胜一筹的输入法软件，显然可以更好地满足需求。那么，如何去了解各输入法的性能呢？我们可以访问该输入法的官方网站，对以下几方面加以了解。

（1）对于输入法的基本操作，有些软件在操作上比较人性化，有些则相对有所欠缺，选择时要注意。

（2）在功能上，可以根据各输入法软件的官方介绍，联系自己的实际需要，对比它们各自不同的功能。

（3）看输入法的其他设计是否符合个人需要，例如皮肤、字数统计等功能。

3. 根据有无特殊需求选择

有些人选择输入法，是有着一些特殊的需求的。例如，很多朋友选择 QQ 输入法，因为他们本身就是腾讯的用户，而且登录使用 QQ 输入法可以加速 QQ 升级。有不少人是因为类似的特殊需要才会选择某种输入法的。

选择到一种适合自己的输入法，可以使工作和社交变得更加开心和方便。

5.2.3 安装与删除输入法

Windows 10 操作系统虽然自带了微软拼音输入法，但不一定能满足用户的需求。用户可以自行安装其他输入法。安装输入法前，用户需要先从网上下载输入法程序。

下面以搜狗拼音输入法的安装为例，讲述安装输入法的一般方法。

1 单击【自定义安装】按钮

双击下载的安装文件，即可启动搜狗拼音输入法安装向导。单击勾选【已阅读并接受用户协议】复选框，单击【自定义安装】按钮。

> **📢 提示**
> 如果不需要更改设置，可直接单击【立即安装】按钮。

2 输入安装路径

在打开的界面中的【安装位置】文本框中输入安装路径，也可以单击【浏览】按钮选择安装路径，设置完成后，单击【立即安装】按钮。

3 开始安装

此时，即可开始安装，如下图所示。

即体验】按钮即可。

4 安装完成

安装完成，在弹出的界面中单击【立

5.2.4 输入法的切换

在文本输入中，会经常用到中英文输入，或者使用不同的输入法，在使用过程中就快速切换到需要使用的输入法，下面介绍具体操作方法。

1. 输入法的切换

按【Windows+空格】组合键，可以快速切换输入法。另外单击桌面右下角通知区域的输入法图标M，在弹出的输入法列表中，单击鼠标进行选择，即可完成切换。

2. 中英文的切换

输入法主要分为中文模式和英文模式，在当前输入法中，可按【Shift】键或【Ctrl+空格】组合键切换中英文模式，如果用户使用的是中文模式中，可按【Shift】键切换的英文模式英，再按【Shift】键又会恢复成中文模式中。

5.3 实战——拼音打字

本节视频教学时间 / 9 分钟

拼音输入法是比较常用的输入法，本节主要以搜狗输入法为例介绍拼音打字的方法。

5.3.1 使用简拼、全拼混合输入

使用简拼和全拼的混合输入可以使打字更加的顺畅。

　　例如要输入"计算机"，在全拼模式下需要从键盘中输入"jisuanji"，如下图所示。

而使用简拼只需要输入"jsj"即可。如下图所示。

　　但是，简拼由于候选词过多，使用双拼又需要输入较多的字符，开启双拼模式后，就可以采用简拼和全拼混用的模式，这样能够兼顾最少输入字母和输入效率。例如，想输入"龙马精神"，可以从键盘输入"longmajs""lmjings""lmjshen""lmajs"等都是可以的。打字熟练的人会经常使用全拼和简拼混用的方式。

5.3.2　中英文混合输入

　　在平时输入时需要输入一些英文字符，搜狗拼音自带了中英文混合输入功能，便于用户快速地在中文输入状态下输入英文。

1. 通过按【Enter】键输入拼音

　　在中文输入状态下，如果要输入拼音，可以再输入拼音的全拼后，直接按【Enter】键输入。下面以输入"搜狗"的拼音"sougou"为例介绍。

1 输入"sougou"

在中文输入状态下，从键盘输入"sougou"。

2 按【Enter】键

直接按【Enter】即可输入英文字符。

输入英文字符

> 📢 **提示**
>
> 如果要输入一些常用的包含字母和数字的验证码，如"q8g7"，也可以直接输入"q8g7"，然后按【Enter】键。

5.3.3 使用拆字辅助码输入汉字

使用搜狗拼音的拆字辅助码可以快速地定位到一个单字。常在候选字较多，并且要输入的汉字比较靠后时使用。下面介绍使用拆字辅助码输入汉字"娴"的具体操作步骤。

1 输入汉语拼音"xian"

从键盘中输入"娴"字的汉语拼音"xian"。此时看不到候选项中包含有"娴"字。

2 按【Tab】键

按【Tab】键。

2. 输入中英文

在输入中文字符的过程中，如果要在中间输入英文，例如，要输入"你好的英文是hello"的具体操作步骤如下。

1 输入"nihaodeyingwenshihello"

通过键盘输入"nihaodeyingwenshihello"。

2 直接按空格键

此时，直接按空格键或者按数字键【1】，即可输入"你好的英文是hello"。

你好的英文是 hello↵

3 输入首字母 nx

在输入"娴"的两部分【女】和【闲】的首字母 nx。就可以看到"娴"字了。

4 完成输入

按空格键即可完成输入。

> **提示**
>
> 独体字由于不能被拆成两部分，所以独体字是没有拆字辅助码的。

5.3.4 快速插入当前日期和时间

如果需要插入当前的日期，可以使用搜狗拼音输入法即可快速插入当前的日期和时间。具体操作步骤如下。

1 输入简拼"rq"

直接从键盘输日期的简拼"rq"，直接在键盘上按【R】和【Q】键。即可在候选字中看到当前的日期。

2 完成日期的插入

直接单击要插入的日期，即可完成日期的插入。

3 输入简拼"sj"

使用同样的方法，输入时间的简拼"sj"，可快速插入当前时间。

4 输入当前星期

使用同样方法还可以快速输入当前星期。

5.4 实战——陌生字的输入方法

本节视频教学时间 / 9分钟

在输入汉字的时候，经常会遇到不知道读音的陌生汉字，此时可以使用输入法的U模式通过笔画、拆分的方式来输入。以搜狗拼音输入法为例，使用搜狗拼音输入法也可以通过启动 U 模式来输入陌生汉字。在搜狗输入法状态下，输入字母"U"，即可打开 U 模式。

> **提示**
>
> 在双拼模式下可按【Shift+U】组合键启动 U 模式。

（1）笔画输入

常用的汉字均可通过笔画输入的方法输入。如输入"囧"的具体操作步骤如下。

1 按字母"U"

在搜狗拼音输入法状态下，按字母"U"，启动 U 模式，可以看到笔画对应的按键。

> **提示**
>
> 按键【H】代表横或提，按键【S】代表竖或竖钩，按键【P】代表撇，按键【N】代表点或捺，按键【Z】代表折。

2 输入"szpnsz"

据"囧"的笔画依次输入"szpnsz"，即可看到显示的汉字以及其正确的读音。按空格键，即可将"囧"字插入到鼠标光标所在位置。

> **提示**
>
> 需要注意的是"忄"的笔画是点点竖（dds），而不是竖点点（sdd）、点竖点（dsd）。

（2）拆分输入

将一个汉字拆分成多个组成部分，U模式下分别输入各部分的拼音即可得到对应的汉字。例如分别输入"犇""肫""浭"的方法如下。

1 输入"u'niu'niu'niu"

"犇"字可以拆分为 3 个"牛（niu）"，因此在搜狗拼音输入法下输入"u'niu'niu'niu"（'符号起分割作用，不用输入），即可显示"犇"字及其汉语拼音，按空格键即可输入。

2 输入"u'yue'tun"

"肫"字可以拆分为"月（yue）"和"屯（tun）"，在搜狗拼音输入法下输入"u'yue'tun"（'符号起分割作用，不用输入）。即可显示"肫"字及其汉语拼音，按空格键即可输入。

3 输入"u'shui'liang"

"浭"字可以拆分为"氵（shui）"和"亮（liang）"，在搜狗拼音输入法下输入"u'shui'liang"（'符号起分割作用，不用输入）。即可显示"浭"字及其汉语拼音，按数字键"2"即可输入。

偏旁部首	输入	偏旁部首	输入
阝	fu	忄	xin
卩	jie	钅	jin
讠	yan	礻	shi
辶	chuo	阝	yin
冫	bing	氵	shui
宀	mian	冖	mi
扌	shou	犭	quan
纟	si	幺	yao
灬	huo	罒	wang

（3）笔画拆分混输

除了使用笔画和拆分的方法输入陌生汉字外，还可以使用笔画拆分混输的方法输入，输入"绎"字的具体操作步骤如下。

1 输入"u'si"

"绎"字左侧可以拆分为"纟（si）"，输入"u'si"（'符号起分割作用，不用输入）。

2 输入"znhhs"

右侧部分可按照笔画顺序，输入"znhhs"，即可看到要输入的陌生汉字以及其正确读音。

5.5 实战——五笔打字

本节视频教学时间 / 17 分钟

通常所说的五笔输入法以王码公司开发的王码五笔输入法为主。到目前为止，王码五笔输入法经过了 3 次的改版升级，分为 86 版五笔输入法、98 版五笔输入法和18030 版五笔输入法。其中，86 版五笔输入法的使用率占五笔输入法的 85% 以上。不同版本的五笔字型输入法除了字根的分布不同外，拆字和使用方法是一样的。除了王码五笔输入法外，也有其他的五笔输入法，但它们的用法与王码五笔输入法完全兼容甚至一样。常见的第三方五笔输入法有万能五笔、智能陈桥五笔、极品五笔、海峰五笔和超级五笔等。

5.5.1 五笔字根在键盘上的分布

五笔字型输入法的原理是从汉字中选出 150 多种常见的字根作为输入汉字的基本单位，例如把"别"字拆分为口、力、刂，并分配到键盘上的 K、L、J 按键上，输入"别"字时，把"别"字拆分的字根按照书写顺序输入即可。

学习五笔字型，需要掌握键盘上的编码字根，字根的定义以及英文字母键是五笔字型输入法的核心，这是学习五笔输入法的关键。

1. 字根简介

由不同的笔画交叉连接而成的结构就叫做字根。字根可以是汉字的偏旁（如，彳、丿、凵、乙、火），也可以是部首的一部分（ナ、勺、厶），甚至是笔画（一、丨、丿、丶、乛）。

五笔字根在键盘上的分布是有规律的，所以记忆字根并不是很难的事情。

2. 字根在键盘上的分布

用键盘输入汉字是通过手指击键来完成的，然而由于每个汉字或字根的使用频率不同，而十个手指在键盘上的用力及灵活性又有很大区别，因此，五笔字型的字根键盘分配，将各个键位的使用频度和手指的灵活性结合起来，把字根代号从键盘中央向两侧依大小顺序排列，将使用频度高的字根集中在各区的中间位置，便于灵活性强的食指和中指操作。这样，键位更容易掌握，击键效率也会提高。

五笔字根的分布按照首笔笔画分为5类，各对应英文键盘上的一个区，每个区又分作5个位，位号从键盘中部向两端排列，共25个键位。其中【Z】键不用于定义字根，而是用于五笔字型的学习。各键位的代码，既可以用区位号表示，也可以用英文字母表示，五笔字型中优选了130多种基本字根，分五大区，每区又分5个位，其分区情况如下图所示。

3区（撇起笔字根）					4区（点、捺起笔字根）				
金 35 Q	人 34 W	月 33 E	白 32 R	禾 31 T	言 41 Y	立 42 U	水 43 I	火 44 O	之 45 P
1区（横起笔字根）					2区（竖起笔字根）				
工 15 A	木 14 S	大 13 D	土 12 F	王 11 G	目 21 H	日 22 J	口 23 K	田 24 L	： ；
				5区（折起笔字根）					
Z	纟 55 X	又 54 C	女 53 V	子 52 B	已 51 N	山 25 M	< ，	> ．	？ ／

①区：横起笔类，分王（G）、土（F）、大（D）、木（S）、工（A）5个位。
②区：竖起笔类，分目（H）、日（J）、口（K）、田（L）、山（M）5个位。
③区：撇起笔类，分禾（T）、白（R）、月（E）、人（W）、金（Q）5个位。
④区：点、捺起笔类，分言（Y）、立（U）、水（I）、火（O）、之（P）5个位。
⑤区：折起笔类，分已（N）、子（B）、女（V）、又（C）、纟（X）5个位。

上面5个区中，没有给出每个键位对应的所有字根，只给出了键名字根，下图所示是86版五笔字型键盘字根键位分布。

在五笔字根分布图的各个键面上，有不同的符号，如下图所示。现以第1区的【A】键为例介绍如下。

（1）键名字。每个键的左上角的那个主码元，都是构字能力很强，或者是有代表性的汉字、这个汉字就叫做键名字,简称"键名"。

(2)字根。字根是各键上代表某种汉字结构"特征"的笔画结构,如戈、七、艹等。

(3)同位字根。同位字根也称为辅助字根,它与其主字根是"一家人",或者是不太常用的笔画结构。

5.5.2 巧记五笔字根

上面的五笔字型键盘字根图给出了 86 版每个字母所对应的笔画、键名和基本字根,以及帮助记忆基本字根的口诀等。为了方便用户记忆,下面给出王码公司为每一区的码元编写了一首"助记词",其中,括号内的为注释内容。不过,记忆字根时不必死记硬背,最好是通过理解来记住字根。

11 王旁青头戈(兼)五一(兼、戈同音)。

12 土士二干十寸雨。

13 大犬三手(羊)古石厂。

14 木丁西。

15 工戈草头右框(匚)七。

21 目具上止卜虎皮,("具上"指"且")

22 日早两竖与虫依。

23 口与川,字根稀,

24 田甲方框四车力。("方框"即"口")

25 山由贝,下框几。

31 禾竹一撇双人立("双人立"即"彳"),反文条头共三一("条头"即"夂")。

32 白手看头三二斤("看头"即"手")。

33 月彡(衫)乃用家衣底(即"豕、衣")。

34 人和八,三四里(在 34 区)。

35 金(钅)勹缺点(勹)无尾鱼(鱼),犬旁留叉儿(乂)一点夕(指"夕夕"),氏无七(妻)("氏"去掉"七"为"匚")。

41 言文方广在四一,高头一捺谁人去(高头"亠","谁"去"讠"即是"讠圭")。

42 立辛两点六门疒。

43 水旁兴头小倒立。

44 火业头(业),四点(灬)米。

45 之字军盖建道底(即"之、宀、冖、廴、辶"),摘礻(示)衤(衣)衤。

51 已半巳满不出己,左框折尸心和羽("左框"即"彐")。

52 子耳了也框向上("框向上"即"凵")。

53 女刀九臼山朝西（"山朝西"即"彐"）。

54 又巴马，丢矢矣（"矣"去"矢"为"厶"）。

55 慈母无心弓和匕（"母无心"即"凵"），幼无力（"幼"去"力"为"幺"）。

5.5.3 灵活输入汉字

五笔字型最大的优点就是重码少，但并非没有重码。重码是指在五笔字型输入法中有许多编码相同的汉字。另外，在五笔字型中，还有用来对键盘字根不熟悉的用户提供帮助的万能【Z】键。这就需要我们对汉字编码的有个灵活的输入。下面将介绍重码与万能键的使用方法。

1. 输入重码汉字

在五笔字型输入法中，不可避免地有许多汉字或词组的编码相同，输入时就需要进行特殊选择。在输入汉字的过程中，若出现了重码字，五笔输入法软件就会自动报警，发出"嘟"的声音，提醒用户出现了重码字。

五笔字型对重码字按其使用频率进行了分级处理，输入重码字的编码时，重码字同时显示在提示行中，较常用的字一般排在前面。

如果所需要的字排在第一位，按空格键后，这个字就会自动显示到编辑位置，输入时就像没有重码一样，输入速度完全不受影响；如果第一个字不是所需要的，则根据它的位置号按数字键，使它显示到编辑位置。

例如，"去""云"和"支"等字，输入五笔编码"FCU"都可以显示，按其常用顺序排列，如果需要输入"去"字按空格后只管输入下文；如果需要"云"和"支"等字时，则根据其前面的位置号按相应的数字键即可，如下图所示。

又如：

输入"IYJH"时，"济"和"浏"重码

输入"FGHY"时，"雨"和"寸"重码

输入"FKUK"时，"喜"和"嘉"重码

输入"TFJ"时，"午"和"竿"重码

2. 万能【Z】键的妙用

在使用五笔字型输入法输入汉字时，如果忘记某个字根所在键或不知道汉字的末笔识别码，可用万能键【Z】来代替，它可以代替任何一个按键。

为了便于理解，下面以举例的方式说明万能【Z】键的使用方法。

例如，"虽"字，输入完字根"口"之后，不记得"虫"的键位是哪个，就可以直接按【Z】键，如下图所示。

在其备选字列表中，可以看到"虽"字的字根"虫"在【J】键上，根据列表序号按相应的数字键，即可输入该字。

接着按照正确的编码再次进行输入，加深记忆，如下图所示。

📣 提示

在使用万能键时，如果在候选框中未找到准备输入的汉字时，就可以在键盘上按【+】键或【Page Down】键向后翻页，按下【-】键或【Page Up】键向前翻页进行查找。由于使用【Z】键输入重码率高，而影响打字的速度，所以用户尽量不要依赖【Z】键。

5.5.4 简码的输入

为了充分利用键盘资源，提高汉字输入速度，五笔字根表还将一些最常用的汉字设为简码，只要击一键、两键或三键，再加一个空格键就可以将简码输入。

1. 一级简码的输入

一级简码，顾名思义就是只需敲打一次键码就能出现的汉字。

在五笔键盘中根据每一个键位的特征，在五个区的 25 个键位（Z 为学习键）上分别安排了一个使用频率最高的汉字，称为一级简码，即高频字，如下图所示。

一级简码的输入方法：简码汉字所在键 + 空格键。

例如，当我们输入"要"字时，只需要按一次简码所在键"S"，即可在输入法的备选框中看到要输入的"要"字，如下图所示。

接着按下空格键，就可以看到已经输入的"要"字。

一级简码的出现大大提高了五笔打字的输入速度，对五笔学习初期也有极大的帮助。如果没有熟记一级简码所对应的汉字，输入速度将相当缓慢。

> **提示**
>
> 当某些词中含有一级简码时，输入一级简码的方法为：一级简码=首笔字根+次笔字根。如：地=土（F）+也（B）；和=禾（T）+口（K）；要=西（S）+女（V）；中=口（K）+丨（H）等。

2. 二级简码的输入

二级简码就是只需敲打两次键码就能出现的汉字。它是由前两个字根的键码作为该字的编码，输入时只要取前两个字根，再按空格键即可。但是，并不是所有的汉字都能用二级简码来输入，五笔字型将一些使用频率较高的汉字作为二级简码。下面将举例说明二级简码的输入方法。

例如，如=女（V）+口（K）+空格，如下图所示。

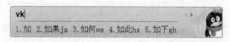

输入前两个字根，再按空格键即可输入。

同样的，暗=日（J）+立（U）+空格；

果=日（J）+木（S）+空格；

炽=火（O）+口（K）+空格；

蝗=虫（J）+白（R）+空格等。

二级简码是由25个键位（Z为学习键）代码排列组合而成的，共25×25个，去掉一些空字，二级简码大约600个左右。二级简码的输入方法为：第1个字根所在键+第2个字根所在键+空格键。二级简码表如下表所示。

区号 / 位号		11 ~ 15 GFDSA	21 ~ 25 HJKLM	31 ~ 35 TREWQ	41 ~ 45 YUIOP	51 ~ 55 NBVCX
11	G	五于天末开	下理事画现	玫珠表珍列	玉平不来	与屯妻到互
12	F	二寺城霜载	直进吉协南	才垢圾夫无	坟增示赤过	志地雪支
13	D	三夺大厅左	丰百右历面	帮原胡春克	太磁砂灰达	成顾肆友龙
14	S	本村枯林械	相查可楞机	格析极检构	术样档杰棕	杨李要权楷
15	A	七革基苛式	牙划或功贡	攻匠菜共区	芳燕东 芝	世节切芭药
21	H	睛睦睚盯虎	止旧占卤贞	睡睥肯具餐	眩瞳步眯瞎	卢 眼皮此
22	J	量时晨果虹	早昌蝇曙遇	昨蝗明蛤晚	景暗晃显晕	电最归紧昆
23	K	呈叶顺呆呀	中虽吕另员	呼听吸只史	嘛啼吵噗喧	叫啊哪吧哟
24	L	车轩因困轼	四辊加男轴	力斩胃办罗	罚较 辚边	思团轨轻累
25	M	同财央朵曲	由则 崭册	几贩骨内凡	凡赠峭赊迪	岂邮 凤嶷
31	T	生行知条长	处得各务向	笔物秀答称	入科秒秋管	秘季委么第
32	R	后持拓打找	年提扣押抽	手白扔失换	扩拉朱搂近	所报扫反批
33	E	且肝须采肛	胖胆肿肋肌	用遥朋脸胸	及胶膛膦爱	甩服妥肥脂
34	W	全会估休代	个介保佃仙	作伯仍从你	信们偿伙	亿他分公化
35	Q	钱针然钉氏	外旬名甸负	儿铁角欠多	久匀乐炙锭	包凶争色
41	Y	主计庆订度	让刘训为高	放诉衣认义	方说就变这	记离良充率
42	U	闰半关亲并	站间部曾商	产瓣前闪交	六立冰普帝	决闻妆冯北
43	I	汪法尖洒江	小浊澡渐没	少泊肖兴光	注洋水淡学	沁池当汉涨
44	O	业灶类灯煤	粘烛炽烟灿	烽煌粗粉炮	米料炒炎迷	断籽娄烃糨
45	P	定守害宁宽	寂审宫军宙	客宾家空宛	社实宵灾之	官字安 它
51	N	怀导居 民	收慢避惭届	必怕 愉懈	心习悄屡忧	忆敢恨怪尼
52	B	卫际承阿陈	耻阳职阵出	降孤阴队隐	防联孙耿辽	也子限取陛

续表

位号\区号		11 ~ 15 G F D S A	21 ~ 25 H J K L M	31 ~ 35 T R E W Q	41 ~ 45 Y U I O P	51 ~ 55 N B V C X
53	V	姨寻姑杂毁	叟旭如舅妯	九 奶 婚	妨嫌录灵巡	刀好妇妈姆
54	C	骊对参骠戏	骒台劝观	矣牟能难允	驻 驼	马邓艰双
55	X	线结顷 红	引旨强细纲	张绵级给约	纺弱纱继综	纪弛绿经比

3. 三级简码的输入

三级简码是以单字全码中的前 3 个字根作为该字的编码。

在五笔字根表所有的简码中三级简码汉字字数多，输入三级简码字也只需击键 4 次（含一个空格键），3 个简码字母与全码的前三者相同。但用空格代替了末字根或末笔识别码。即三级简码汉字的输入方法为：第 1 个字根所在键 + 第 2 个字根所在键 + 第 3 个字根所在键 + 空格键。由于省略了最后一个字根的判定和末笔识别码的判定，可显著提高输入速度。

入速度。

三级简码汉字数量众多，大约有 4400 多个，故在此就不再一一列举。下面只举例说明三级简码汉字的输入，以帮助读者学习。

例如，模 = 木（S）+ 艹（A）+ 日（J）+ 空格，如下图所示。

saj
1.模 2.横竖c 3.横七竖八w 4.横暴a 5.李乔明e

输入前 3 个字根，再输入空格即可输入。

同样的，隔 = 阝（B）+ 一（G）+ 口（K）+ 空格；

输 = 车（L）+ 人（W）+ 一（G）+ 空格；

蓉 = 艹（A）+ 宀（P）+ 八（W）+ 空格；

措 = 扌（R）+ 艹（A）+ 日（J）+ 空格；

修 = 亻（W）+ 丨（H）+ 夂（T）+ 空格等。

5.5.5 输入词组

五笔输入法中不仅可以输入单个汉字，而且还提供大规模词组数据库，使输入更加快速。用好词组输入是提高五笔输入速度的关键。

五笔字根表中词组输入法按词组字数分为二字词组、三字词组、四字词组和多字词组 4 种，但不论哪一种词组其编码构成数目都为四码。因此采用词组的方式输入汉字会比单个输入汉字的速度快得多。本节将介绍五笔输入法中词组的编码规则。

1. 输入二字词组

二字词组输入法为：分别取单字的前 2 个字根代码，即第 1 个汉字的第 1 个字根所在键＋第1个汉字的第2个字根所在键＋第2个汉字的第1个字根所在键＋第2个汉字的第2个字根所在键。下面举例来说明二字词组的编码的规则。

例如，汉字＝氵（I）＋又（C）＋宀（P）＋子（B），如下图所示。

当输入"B"时，二字词组"汉字"即可输入。

再如，下表所示的都是二字词组的编码规则。

词组	第1个字根 第1个汉字的第1个字根	第2个字根 第1个汉字的第2个字根	第3个字根 第2个汉字的第1个字根	第4个字根 第2个汉字的第2个字根	编码
词组	讠	乙	纟	月	YNXE
机器	木	几	口	口	SMKK
代码	亻	弋	石	马	WADC
输入	车	人	丿	、	LWTY
多少	夕	夕	小	丿	QQIT
方法	方	、	氵	土	YYIF
字根	宀	子	木	⺕	PBSV
编码	纟	、	石	马	XYDC
中国	口	丨	口	王	KHLG
你好	亻	勹	女	子	WQVB
家庭	宀	豕	广	丿	PEYT
帮助	三	丿	月	一	DTEG

> **提示**
>
> 在拆分二字词组时，如果词组中包含有一级简码的独体字或键名字，只需连续按两次该汉字所在键位即可；如果一级简码非独体字，则按照键外字的拆分方法进行拆分即可；如果包含成字字根，则按照成字字根的拆分方法进行拆分。

二字词组在汉语词汇中占有的比重较大，熟练掌握其输入方法可有效地提高五笔打字速度。

2. 输入三字词组

所谓三字词组，就是构成词组的汉字个数有3个。三字词组的取码规则为：前两字各取第一码，后一字取前两码。即第1个汉字的第1个字根＋第2个汉字的第1个字根＋第3个汉字的第1个字根＋第3个汉字的第2个字根。下面举例说明三字词组的编码规则。

例如，计算机＝讠（Y）＋⺮（T）＋木（S）＋几（M），如下图所示。

当输入"M"时，"计算机"三字即可输入。

再如，下表所示的都是三字词组的编码规则。

词组	第 1 个字根	第 2 个字根	第 3 个字根	第 4 个字根	编码
	第 1 个汉字的第 1 个字根	第 2 个汉字的第 1 个字根	第 3 个汉字的第 1 个字根	第 3 个汉字的第 2 个字根	
瞧不起	目	一	土	疋	HGFH
奥运会	丿	二	人	二	TFWF
平均值	一	土	亻	十	GFWF
运动员	二	二	口	贝	FFKM
共产党	廾	立	丷	冖	AUIP
飞行员	乙	彳	口	贝	NTKM
电视机	日	礻	木	几	JPSM
动物园	二	丿	口	二	FTLF
摄影师	扌	日	彡	一	RJJG
董事长	艹	一	丿	七	AGTA
联合国	耳	人	口	王	BWLG
操作员	扌	亻	口	贝	RWKM

> **提示**
>
> 在拆分三字词组时，词组中包含有一级简码或键名字，如果该汉字在词组中，只需选取该字所在键位即可；如果该汉字在词组末尾又是独体字，则按其所在的键位两次作为该词的第三码和第四码。若包含成字字根，则按照成字字根的拆分方法拆分即可。

三字词组在汉语词汇中占有的比重也很大，其输入速度大约为普通汉字输入速度的 3 倍，因此可以有效地提高输入速度。

3. 输入四字词组

四字词组在汉语词汇中同样占有一定的比重，其输入速度约为普通汉字的 4 倍，因而熟练掌握四字词组的编码对五笔打字的速度相当重要。

四字词组的编码规则为取每个单字的第一码。即第 1 个汉字的第 1 个字根 + 第 2 个汉字的第 1 个字根 + 第 3 个汉字的第 1 个字根 + 第 4 个汉字的第 1 个字根。下面举例说明四字词组的编码规则。

例如，前程似锦 ＝ 丷（U）＋ 禾（T）＋ 亻（W）＋ 钅（Q），如下图所示。

当输入"Q"时，"前程似锦"四字即可输入。

再如，下表所示的都是四字词组的编码规则。

词组	第 1 个字根	第 2 个字根	第 3 个字根	第 4 个字根	编码
	第 1 个汉字的 1 个字根	第 2 个汉字的第 1 个字根	第 3 个汉字的第 1 个字根	第 4 个汉字的第 1 个字根	
青山绿水	龶	山	纟	水	GMXI
势如破竹	扌	女	石	竹	RVDT

111

续表

词组	第1个字根 第1个汉字的第 1个字根	第2个字根 第2个汉字的第 1个字根	第3个字根 第3个汉字的第 1个字根	第4个字根 第4个汉字的第 1个字根	编码
天涯海角	一	氵	氵	勹	GIIQ
三心二意	三	心	二	立	DNFU
熟能生巧	古	厶	丿	工	YCTA
釜底抽薪	八	广	扌	艹	WYRA
刻舟求剑	亠	丿	十	人	YTFW
万事如意	一	一	女	立	DGVU
当机立断	丷	木	立	米	ISUO
明知故犯	日	丿	古	犭	JTDQ
惊天动地	忄	一	二	土	NGFF
高瞻远瞩	古	目	二	目	YHFH

4. 输入多字词组

多字词组是指四个字以上的词组，能通过五笔输入法输入的多字词组并不多见，一般在使用率特别高的情况下，才能够完成输入，其输入速度非常之快。

多字词组的输入同样也是取四码，其规则为取第一、二、三及末字的第一码，即第1个汉字的第1个字根+第2个汉字的第1个字根+第3个汉字的第1个字根+末尾汉字的第1个字根。下面举例来说明多字词组的编码规则。

例如，中华人民共和国 = 口（K）+亻（W）+人（W）+口（L），如下图所示。

当输入"L"时，"中华人民共和国"七字即可输入。

再如，下表所示的都是多字词组的编码规则。

词组	第1个字根 第1个汉字的 第1个字根	第2个字根 第2个汉字的 第1个字根	第3个字根 第3个汉字的 第1个字根	第4个字根 第末个汉字的 第1个字根	编码
中国人民解放军	口	口	人	冖	KLWP
百闻不如一见	一	门	一	冂	DUGM
中央人民广播电台	口	冂	人	厶	KMWC
不识庐山真面目	一	讠	广	目	GYYH
但愿人长久	亻	厂	人	勹	WDWQ
心有灵犀一点通	心	广	彐	乛	NDVC
广西壮族自治区	广	西	丬	匚	YSUA

续表

词组	第1个字根 第1个汉字的 第1个字根	第2个字根 第2个汉字的 第1个字根	第3个字根 第3个汉字的 第1个字根	第4个字根 第末个汉字的 第1个字根	编码
天涯何处无芳草	一	氵	亻	艹	GIWA
唯恐天下不乱	口	工	一	丿	KADT
不管三七二十一	一	⺮	三	一	GTDG

 提示

在拆分多字词组时，词组中如果包含有一级简码的独体字或键名字，只需选取该字所在键位即可；如果一级简码非独体字，则按照键外字的拆分方法拆分即可；若包含成字字根，则按照成字字根的拆分方法拆分即可。

5. 手工造词

五笔输入法词库中，只添加了最常用的一些词组，如果用户要经常用到某个词组，那么用户可以把词组添加到词库中。

例如，用户要把"床前明月光"添加到词库中，那么可以先复制这5个字，然后右击五笔输入法的状态条，在弹出的菜单中选择【手工造词】命令，打开【手工造词】对话框，然后把"床前明月光"粘贴到【词语】文本框中，此时【外码】文本框中就会自动填上相应的编码。单击【添加】按钮后，再单击【关闭】按钮退出【手工造词】对话框即可。

高手私房菜

技巧1：单字的五笔字根编码歌诀技巧

通过前面的介绍，五笔打字已经学得差不多了，相信读者也会有不少心得。本书总结了如下的单字的五笔字根编码歌诀。

五笔字型均直观，依照笔顺把码编；

键名汉字打4下，基本字根请照搬；

一二三末取四码，顺序拆分大优先；

不足四码要注意，交叉识别补后边。

此歌诀中不仅包含了五笔打字的拆分原则，还包含了五笔打字的输入规则。

（1）"依照笔顺把码编"说明取码顺序要依照从左到右、从上到下、从外到内的书写顺序。

（2）"键名汉字打4下"说明25个"键名汉字"的输入规则。

（3）"一二三末取四码"说明字根数为4个或大于4个时，按一、二、三、末字根顺序取四码。

（4）"不足四码要注意，交叉识别补后边"说明不足4个字根时，打完字根识别码后，补交叉识别码于尾部。此种情况下，码长为 3 个或 4 个。

（5）"基本字根请照搬"和"顺序拆分大优先"是拆分原则，就是说，在拆分中以基本字根为单位，并且在拆分时"取大优先"，尽可能先拆出笔画最多的字根，或者说拆分出的字根数要尽量少。

总之，在拆分汉字时，一般情况下，应当保证每次拆出最大的基本字根；如果拆出字根的数目相同时，"散"比"连"优先，"连"比"交"优先。

技巧 2：造词

造词工具用于管理和维护自造词词典以及自学习词表，用户可以对自造词的词条进行编辑、删除，设置快捷键，导入或导出到文本文件等，使下次输入可以轻松完成。在 QQ 拼音输入法中定义用户词和自定义短语的具体操作步骤如下。

1 启动 i 模式

在 QQ 拼音输入法下按【I】键，启动 i 模式，并按功能键区的数字【7】。

2 选择【用户词】选项卡

弹出【QQ拼音造词工具】对话框，选择【用户词】选项卡。如果经常使用"扇淀"这个词，可以在【新词】文本框中输入该词，并单击【保存】按钮。

3 输入拼音"shandian"

在此，在输入法中输入拼音"shandian"，即可在第一个位置上显示设置的新词"扇淀"。

4 输入"cpb"

【自定义短语】选项卡，在【自定义短语】文本框中输入"吃葡萄不吐葡萄皮"，【缩写】文本框中设置缩写，例如输入"cpb"，单击【保存】按钮。

5 输入拼音"cpb"

在输入法中输入拼音"cpb"，即可在第一个位置上显示设置的新短语。

第6章

电脑网络的连接

本章视频教学时间 / 31 分钟

🎧 重点导读

网络影响着人们的生活和工作的方式，通过上网，我们可以和万里之外的人交流信息。而上网的方式也是多种多样的，如拨号上网、ADSL 宽带上网、小区宽带上网、无线上网等。它们带来的效果也是有差异的，用户可以根据自己的实际情况来选择不同的上网方式。

📖 学习效果图

6.1 实战——电脑连接上网的方式及配置方法

本节视频教学时间 / 5 分钟 ▶

上网的方式多种多样，主要的上网方式包括光纤入户、小区宽带上网、PLC 上网等，不同的上网方式所带来的网络体验也不尽相同，本节主要讲述有线网络的设置。

6.1.1 光纤入户上网

光纤入户是目前最常见的家庭连网方式，一般常见的有联通、电信和移动都是采用光纤入户的形式，配合千兆光纤猫，即可享用光纤上网，速度达百兆至千兆以上，拥有速度快，掉线少的优点。

1. 开通业务

常见的宽带服务商为电信、联通及移动，申请开通宽带上网一般可以通过两条途径实现。一种是携带有效证件（个人用户携带电话机主身份证，单位用户携带公章），直接到受理光纤业务的当地附近营业厅申请；另一种是登录宽带服务商的官方网站，在网站中进行在线申请。申请光纤入户服务后，当地服务提供商的员工会主动上门安装光纤猫并做好上网设置。进而安装网络拨号程序，并设置上网客户端。

> **提示**
> 用户申请后会获得一组上网账号和密码。有的宽带服务商会提供光纤猫，有的则不提供，用户需要自行购买。

2. 电脑端配置

如果家里没有路由器，希望使用电脑直接拨号上网，则可以采用以下方法。

1 单击【网络和 Internet】图标选项

按【Windows+I】组合键，打开【Windows 设置】面板，单击【网络和 Internet】选项。

2 单击【设置新连接】超链接

在弹出的面板中，单击左侧的【拨号】选项，并在其右侧界面中，单击【设置新连接】超链接。

3 单击【宽带 (PPPoE)(R)】选项

弹出【连接到 Internet】对话框，

单击【宽带 (PPPoE)(R)】选项。

4 输入账户密码

打开【键入你的 Internet 服务提供商（ISP）提供的信息】对话框，在【用户名】文本框中输入服务提供商的账户号，在【密码】文本框中输入账户密码，单击【连接】按钮。

5 正在连接

此时，即可打开【正在测试 Internet 连接】对话框，提示用户正在连接到宽带连接，并显示正在验证用户名和密码等信息。

6 单击【立即浏览 Internet】选项

等待验证用户名和密码完毕后，如果正确，则弹出【你已连接到 Internet】对话框。单击【立即浏览 Internet】选项。

7 进入浏览器主页

此时，则自动打开 Microsoft Edge 浏览器，并进入浏览器主页页面。

8 验证网络的连通情况

在百度页面，单击顶部的任一超链接，进一步验证网络的连通情况，如单击【贴吧】超链接，则自动打开【百度贴吧】页面，则表示网络链接正常。

6.1.2 小区宽带上网

小区宽带一般指的是光纤到小区，也就是 LAN 宽带，使用大型交换机，分配网线给各户，不需要使用 ADSL Modem 设备，配有网卡的电脑即可连接上网。整个小区共享一根光纤。在用户不多的时候，速度非常快。这是大中城市目前较普遍的一种宽带接入方式，有多家公司提供此类宽带 接入方式，如联通、电信和长城宽带等。

1. 开通业务

小区宽带上网的申请比较简单，用户只需携带自己的有效证件和本机的物理地址到负责小区宽带的服务商申请即可。

2. 设备的安装与设置

小区宽带申请开通业务后，服务商会安排工作人员上门安装。另外，不同的服务商会提供不同的上网信息，有的会提供上网的账号和密码；有的会提供 IP 地址、子网掩码以及 DNS 服务器；也有的会提供 MAC 地址。

3. 电脑端配置

不同的小区宽带上网方式，其设置也不尽相同。下面讲述不同小区宽带上网方式。

（1）使用账户和密码

如果服务商提供上网和密码，用户只需将服务商接入的网线连接到电脑上，在【登录】对话框中输入用户名和密码，即可连接上网。

（2）使用 IP 地址上网

如果服务商提供 IP 地址、子网掩码

以及 DNS 服务器，用户需要在本地连接中设置 Internet（TCP/IP）协议，具体步骤如下。

1 单击【以太网】超链接

用网线将电脑的以太网接口和小区的网络接口连接起来，然后在【网络】图标上单击鼠标右键，在弹出的快捷菜单中选择【属性】命令，打开【网络和共享中心】窗口，单击【以太网】超链接。

2 单击【属性】按钮

弹出【以太网 状态】对话框，单击【属性】按钮。

3 单击【属性】按钮

单击选中【Internet 协议版本 4(TCP/IPv4)】选项，单击【属性】按钮。

4 填写 IP 地址和 DNS 服务器地址

在弹出的对话框中，单击选中【使用下面的 IP 地址】单选项，然后在下面的文本框中填写服务商提供的 IP 地址和 DNS 服务器地址，然后单击【确定】按钮即可连接。

（3）使用 MAC 地址

如果小区或单位提供 MAC 地址，用户可以使用以下步骤进行设置。

1 单击【配置】按钮

打开【以太网 属性】对话框，单击【配置】按钮。

2 连接网络

弹出属性对话框，单击【高级】选项卡，在属性列表中选择【Network Address】选项，在右侧【值】文本框中，输入 12 位 MAC 地址，单击【确定】按钮即可连接网络。

6.2 实战——组建无线局域网

本节视频教学时间 / 9分钟

随着笔记本电脑、手机、平板电脑等便携式电子设备的日益普及和发展，有线连接已不能满足工作和生活需要。无线局域网不需要布置网线就可以将几台设备连接在一起。无线局域网以其高速的传输能力、方便性及灵活性，得到广泛应用。组建无线局域网的方法如下。

6.2.1 准备工作

无线局域网目前应用最多的是无线电波传播，覆盖范围广，应用也较广泛。在组建中最重要的设备就是无线路由器和无线网卡。

（1）无线路由器

路由器是用于连接多个逻辑上分开的网络的设备，简单来说就是用来连接多个电脑实现共同上网，且将其连接为一个局域网的设备。

而无线路由器是指带有无线覆盖功能的路由器，主要应用于无线上网，也可将宽带网络信号转发给周围的无线设备使用，如笔记本、手机、平板电脑等。

如下图所示，无线路由器的背面由若干端口构成，通常包括1个 WAN 口、4个 LAN 口、1个电源接口和一个 RESET（复位）键。

无线路由器

电源接口，是路由器连接电源的插口。

RESET 键，又称为重置键，如需将路由器重置为出厂设置，可长按该键恢复。

WAN 口，是外部网线的接入口，将从 ADSL Modem 连出的网线直接插入该端口，或者小区宽带用户直接将网线插入该端口。

LAN 口，为用来连接局域网端口，使用网线将端口与电脑网络端口互联，实现电脑上网。

（2）无线网卡

无线网卡的作用、功能和普通电脑网卡一样，就是不通过有线连接，采用无线信号连接到局域网上的信号收发装备。而在无线局域网搭建时，采用无线网卡就是为了保证台式电脑可以接收无线路由器发送的无线信号，如果电脑自带有无线网卡（如笔记本），则不需要再添置无线网卡。

目前，无线网卡较为常用的是 PCI 和 USB 接口两种，如下图所示。

PCI 接口无线网卡主要适用于台式电脑，将该网卡插入主板上的网卡槽内即可。PCI 接口的网卡信号接收和传输范围广、传输速度快、使用寿命长、稳定性好。

USB 接口无线网卡适用于台式电脑和笔记本电脑，即插即用，使用方便，价格便宜。

在选择上，如果考虑到便捷性可以选择 USB 接口的无线网卡，如果考虑到使用效果和稳定性、使用寿命等，建议选择 PCI 接口无线网卡。

（3）网线

网线是连接局域网的重要传输媒体，在局域网中常见的网线有双绞线、同轴电缆、光缆三种，而使用最为广泛的就是双绞线。

双绞线是由一对或多对绝缘铜导线组成的，为了减少信号传输中串扰及电磁干扰影响的程度，通常将这些线按一定的密度互相缠绕在一起，双绞线可传输模拟信号和数字信号，价格便宜，并且安装简单，所以得到广泛的使用。

一般使用方法就是和 RJ45 水晶头相连，然后接入电脑、路由器、交换机等设备中的 RJ45 接口。

> **提示**
>
> RJ45 接口也就是我们说的网卡接口，常见的 RJ45 接口有两类：用于以太网网卡、路由器以太网接口等的 DTE 类型，还有用于交换机等的 DCE 类型。DTE 我们可以称作"数据终端设备"，DCE 我们可以称作"数据通信设备"。从某种意义来说，DTE 设备称为"主动通信设备"，DCE 设备称为"被动通信设备"。

通常，在判定双绞线是否通路，主要使用万用表和网线测试仪测试，而网线测试仪是使用最方便、最普遍的方法。

双绞线的测试方法，是将网线两端的水晶头分别插入主机和分机的 RJ45 接口，然后将开关调制到"ON"位置（"ON"为快速测试，"S"为慢速测试，一般使用快速测试即可），此时观察亮灯的顺序，如果主机和分机的指示灯 1~8 逐一对应闪亮，则表明网线正常。

远程分机

RJ45 接口

主机　　RJ45 接口

> **📢 提示**
>
> 如下图为双绞线对应的位置和颜色，双绞线一端是按 568A 标准制作，一端按 568B 标准制作。

引脚	568A 定义的色线位置	568B 定义的色线位置
1	绿白（W-G）	橙白（W-O）
2	绿（G）	橙（O）
3	橙白（W-O）	绿白（W-G）
4	蓝（BL）	蓝（BL）
5	蓝白（W-BL）	蓝白（W-BL）
6	橙（O）	绿（G）
7	棕白（W-BR）	棕白（W-BR）
8	棕（BR）	棕（BR）

T568A　　T568B

6.2.2　组建无线局域网的方法

随着笔记本电脑、手机、平板电脑等便携式电子设备的日益普及和发展，有线连接已不能满足工作和家庭需要，无线局域网不需要布置网线就可以将几台设备连接在一起。无线局域网以其高速的传输能力、方便性及灵活性，得到广泛应用。组建无线局域网的具体操作步骤如下。

1. 硬件搭建

在组建无线局域网之前，要将硬件设备搭建好。

在组建无线局域网之前，要将硬件设备搭建好。

首先，通过网线将电脑与路由器相连接，将网线一端接入电脑主机后的网孔内，另一端接入路由器的任意一个 LAN 口内。

其次，通过网线将光 ADSL Modem 与路由器相连接，将网线一端接入 ADSL Modem 的 LAN 口，另一端接入路由器的 WAN 口内。

最后，将路由器自带的电源插头连接电源即可，此时即完成了硬件搭建工作。

笔记本电脑　**无线路由器**　**WAN 口 LAN 口**　③②①　**电源接口**　**台式电脑**　**光猫**　**因特网**

提示

如果台式电脑要接入无线网，可安装无线网卡，然后将随机光盘中的驱动程序安装在电脑上即可。

2. 路由器设置

路由器设置主要指在电脑或便携设备端，为路由器配置上网账号、设置无线网络名称、密码等信息。

下面以台式电脑为例，使用的是 TP-LINK 品牌的路由器，型号为 WR882N，

在 Windows 10 操作系统、Microsoft Edge 浏览器的软件环境下的操作演示。具体步骤如下。

1 设置管理员密码

完成硬件搭建后，启动任意一台电脑，打开 IE 浏览器，在地址栏中输入"192.168.1.1"，按【Enter】键，进入路由器管理页面。初次使用时，需要设置管理员密码，在文本框中输入密码和确认密码，然后单击【确认】按钮完成设置。

提示

不同路由器的配置地址不同，可以在路由器的背面或说明书中找到对应的配置地址、用户名和密码。部分路由器，输入配置地址后，弹出对话框，要求输入用户名和密码，此时，可以在路由器的背面或说明书中找到，输入即可。

另外用户名和密码可以在路由器设置界面的【系统工具】>【修改登录口令】中设置。如果遗忘，可以在路由器开启的状态下，长按【RESET】键恢复出厂设置，登录账户名和密码恢复为原始密码。

2 选择【设置向导】选项

进入设置界面，选择左侧的【设置向导】选项，在右侧【设置向导】中单击【下一步】按钮。

3 选择连接类型

打开【设置向导】对话框选择连接类型，这里单击选中【让路由器自动选择上网方式】单选项，并单击【下一步】按钮。

提示

PPPoE 是一种协议，适用于拨号上网；而动态 IP 每连接一次网络，就会自动分配一个 IP 地址；静态 IP 是运营商给的固定的 IP 地址。

4 输入账号和口令

如果检测为拨号上网，则输入账号和口令；如果检测为静态 IP，则需输入 IP 地址和子网掩码，然后单击【下一步】按钮。如果检测为动态 IP，则无需输入任何内容，直接跳转到下一步操作。

提示

此处的用户名和密码是指在开通网络时，运营商提供的用户名和密码。如果账户和密码遗忘或需要修改密码，可联系网络运营商找回或修改密码。若选用静态 IP 所需的 IP 地址、子网掩码等都由运营商提供。

5 设置 PSK 密码

在【设置向导—无线设置】页面，进入该界面设置路由器无线网络的基本参数，单击选中【WPA-PSK/WPA2-PSK】单选项，在【PSK 密码】文本框中设置 PSK 密码。单击【下一步】按钮。

提示

用户也可以在路由器管理界面，单击【无线设置】选项进行设置。

SSID：是无线网络的名称，用户通过 SSID 号识别网络并登录。

WPA-PSK/WPA2-PSK：基于共享密钥的 WPA 模式，使用安全级别较高的加密模式。在设置无线网络密码时，建议优先选择该模式，不选择 WPA/WPA2 和 WEP 这两种模式。

6 重启路由器

在弹出的页面单击【重启】按钮，如果弹出"此站点提示"对话框，提示是否重启路由器，单击【确定】按钮，即可重启路由器，完成设置。

3. 连接上网

无线网络开启并设置成功后，其他电脑需要搜索设置的无线网络名称，然后输入密码，连接该网络即可。具体操作步骤如下。

1 勾选【自动连接】复选框

单击电脑任务栏中的无线网络图标，在弹出的对话框中会显示无线网络的列表，单击需要连接的网络名称，在展开项中，勾选【自动连接】复选框，方便网络连接，然后单击【连接】按钮。

2 输入网络密码

网络名称下方弹出的【输入网络安全密钥】对话框中，输入在路由器中设置的无线网络密码，单击【下一步】按钮即可。

> **提示**
> 如果忘记无线网密码，可以登录路由器管理页面，进行查看。

3 显示"已连接"字样

密钥验证成功后，即可连接网络，该网络名称下，则显示"已连接"字样，任务栏中的网络图标也显示为已连接样式。

6.3 实战——组建有线局域网

本节视频教学时间 / 7 分钟

通过将多个电脑和路由器连接起来，组建一个小的局域网，可以实现多台电脑同时共享上网。本节以组建有线局域网为例，介绍多台电脑同时上网的方法。

6.3.1 准备工作

组建有线局域网和无线局域网最大的差别是无线信号收发设备上，其主要使用的设备是交换机或路由器。下面介绍下组件有线局域网的所需设备。

（1）交换机

交换机是用于电信号转发的设备，可以简单地理解为把若干台电脑连接在一起组成一个局域网，一般在家庭、办公室常用的交换机属于局域网交换机，而小区、一幢大楼等使用的多为企业级的以太网交换机。

如上图所示，交换机和路由器外观并无太大差异，路由器上有单独一个 WAN 口，而交换机上全部是 LAN 口，另外，路由器一般只有4个 LAN 口，而交换机上有4～32个 LAN 口，其实这只是外观的对比，二者在本质上有明显的区别。

① 交换机是通过一根网线上网，如果几台电脑上网，是分别拨号，各自使用自己的带宽，互不影响。而路由器自带了虚拟拨号功能，是几台电脑通过一个路由器、一个宽带账号上网，几台电脑之间上网相互影响。

② 交换机工作是在中继层（数据链路层），是利用 MAC 地址寻找转发数据的目的地址， MAC 地址是硬件自带的，是不可更改的，工作原理相对比较简单；而路由器工作是在网络层（第三层），是利用 IP 地址寻找转发数据的目的地址，可以获取更多的协议信息，以做出更多的转发决策。通俗地讲，交换机的工作方式相当于要找一个人，知道这个人的电话号码（类似于 MAC 地址），于是通过拨打电话和这个人建立连接；而路由器的工作方式是，知道这个人的具体住址 × × 省 × × 市 × ×区 × × 街道 × × 号 × × 单元 × × 户（类似于 IP 地址），然后根据这个地址，确定最佳的到达路径，然后到这个地方，找到这个人。

③ 交换机负责配送网络，而路由器负责入网。交换机可以使连接它的多台电脑组建成局域网，但是不能自动识别数据包发送和到达地址的功能，而路由器则为这些数据包发送和到达的地址指明方向和进行分配。简单地说，就是交换机负责开门，路由器给用户找路上网。

④ 路由器具有防火墙功能，不传送不支持路由协议的数据包和未知目标网络的数据包，仅支持转发特定地址的数据包，防止了网络风暴。

⑤ 路由器也是交换机，如果要使用路由器的交换机功能，把宽带线插到 LAN 口上，把 WAN 空置起来就可以。

（2）路由器

组建有线局域网时，可不必要求为无线路由器，一般路由器即可使用，主要差别就是无线路由器带有无线信号收发功能，但价格较贵。

6.3.2　组建有线局域网的方法

在日常生活和工作中，组建有线局域网的常用方法是使用路由器搭建和交换机搭建，也可以使用双网卡网络共享的方法搭建。本节主要介绍使用路由器组建有线局域网的方法。

使用路由器组建有线局域网，其中硬件搭建和路由器设置与组件无线局域网基本一致，如果电脑比较多的话，可以接入交换机，如下图连接方式。

如果一台交换机和路由器的接口，还不能够满足电脑的使用，可以在交换机中接出一根线，连接到第二台交换机，利用第二台交换机的其余接口，连接其他电脑接口。以此类推，根据电脑数量增加交换机的布控，

路由器端的设置和无线网的设置方法一样，这里就不再赘述，为了避免所有电脑不在一个 IP 区域段中，可以执行下面操作，确保所有电脑之间的连接，具体操作步骤如下。

1 单击【以太网】超链接

在【网络】图标上单击鼠标右键，在弹出的快捷菜单中选择【打开网络和共享中心】命令，打开【网络和共享中心】窗口，单击【以太网】超链接。

2 单击【属性】按钮

弹出【以太网状态】对话框，单击【属性】按钮，在弹出的对话框列表中选择

【Internet 协议版本 4（TCP/IPv4）】选项，并单击【属性】按钮。在弹出的对话框中，然后单击选中【自动获取 IP 地址】和【自动获取 DNS 服务器地址】单选项，然后单击【确定】按钮即可。

6.4 实战——管理无线网

本节视频教学时间 / 5 分钟

局域网搭建完成后，网速、无线网密码和名称、带宽控制等都可能需要进行管理，以满足使用需要，本节主要介绍一些常用的局域网管理知识。

6.4.1 网速测试

网速的快慢一直是用户较为关心的，在日常使用中，可以自行对带宽进行测试，本节主要介绍如何使用"360 宽带测速器"进行测试。

1 单击【宽带测速器】图标

打开 360 安全卫士，单击【功能大全】▶【网络优化】类别中的【宽带测速器】图标。

2 进行宽带测速

打开【360 宽带测速器】工具，软件自动进行宽带测速，如下图所示。

3 显示接入速度

测试完毕后，软件会显示网络的接入速度。用户还可以依次测试长途网络速度、网页打开速度等。

📢 **提示**

如果个别宽带服务商采用域名劫持、下载缓存等技术方法，测试值可能高于实际网速。

6.4.2 修改无线网络名称和密码

经常更换无线网名称有助于保护用户的无线网络安全，防止别人蹭取。下面以 TP-Link 路由器为例，介绍修改的具体步骤。

1 输入管理员密码

打开浏览器，在地址栏中输入路由器的管理地址，如 http://192.168.1.1，按【Enter】键，进入路由器登录界面，并输入管理员密码，单击【确认】按钮。

2 输入新的网络名称

单击【无线设置】>【基本设置】选项，进入无线网络基本设置界面，在 SSID 号文本框中输入新的网络名称，单击【保存】按钮。

提示

如果仅修改网络名称，单击【保存】按钮后，根据提示重启路由器即可。

3 输入新密码

单击左侧【无线安全设置】超链接进入无线网络安全设置界面，在"WPA-PSK/WPA2-PSK"下面的【PSK 密码】文本框中输入新密码，单击【保存】按钮，然后单击按钮上方出现的【重启】超链接。

4 重启路由器

进入【重启路由器】界面，单击【重启路由器】按钮，将路由器重启即可。

6.4.3 IP 的带宽控制

在局域网中，如果希望限制其他 IP 的网速，除了使用 P2P 工具外，还可以使用路由器的 IP 流量控制功能来管控。

1 单击【添加新条目】按钮

打开浏览器，进入路由器后台管理界面，单击左侧的【IP 带宽控制】超链接，单击【添加新条目】按钮。

> **提示**
>
> 在 IP 带宽控制界面，勾选【开启 IP 带宽控制】复选框，然后设置宽带线路类型、上行总带宽和下行总带宽。宽带线路类型，如果上网方式为 ADSL 宽带上网，选择【ADSL 线路】即可，否则选择【其他线路】。下行总带宽是通过 WAN 口可以提供的下载速度。上行总带宽是通过 WAN 口可以提供的上传速度。

2 进行设置

进入【条目规则配置】界面，在 IP 地址范围中设置 IP 地址段、上行带宽和下行带宽，如下图设置则表示分配给局域网内 IP 地址为 192.168.1.100 的计算机的上行带宽最小 128Kbit/s、最大 256Kbit/s，下行带宽最小 512Kbit/s、最大 1024Kbit/s。设置完毕后，单击【保存】按钮

3 设置连续 IP 地址段

如果要设置连续 IP 地址段，如下图所示，设置了 101~103 的 IP 段，表示局域网内 IP 地址为 192.168.1.101 到 192.168.1.103 的三台计算机的带宽总和为上行带宽最小 256Kbit/s、最大 512Kbit/s，下行带宽最小 1024Kbit/s、最大 2048Kbit/s。

4 添加 IP 地址段

返回 IP 宽带控制界面，即可看到添加的 IP 地址段。

6.4.4 关闭路由器无线广播

通过关闭路由器的无线广播，防止其他用户搜索到无线网络名称，从根本上杜绝别人蹭网。

打开浏览器，输入路由器的管理地址，登录路由器后台管理页面，单击【无线设置】➢【基本设置】超链接，进入【无线网络基本设置】页面，撤销勾选【开启 SSID 广播】复选框，并单击【保存】按钮，重启路由器即可。

技巧 1: 安全使用免费 Wi-Fi

黑客可以利用虚假 Wi-Fi 盗取手机系统、品牌型号、自拍照片、邮箱账号密码等各类隐私数据，像类似的事件不胜枚举，尤其是盗号的、窃取银行卡、支付宝信息的、植入病毒等，在使用免费 Wi-Fi 时，建议注意以下几点。

（1）在公共场所使用免费 Wi-Fi 时，不要进行网购，银行支付，尽量使用手机流量进行支付。

（2）警惕同一地方，出现多个相同 Wi-Fi，很有可能是诱骗用户信息的钓鱼 Wi-Fi。

（3）在购物，进行网上银行支付时，尽量使用安全键盘，不要使用网页之类的。

（4）在上网时，如果弹出不明网页，让输入个人私密信息时，请谨慎，及时关闭 WLAN 功能。

技巧 2: 将电脑转变为无线路由器

如果电脑可以上网，即使没有无线路由器，也可以通过简单的设置将电脑的有线网络转为无线网络，但是前提是台式电脑必须装有无线网卡，笔记本电脑自带有无线网卡，如果准备好后，可以参照以下操作，创建 Wi-Fi，实现网络共享。

1 单击【更多】超链接

打开 360 安全卫士主界面，然后单击【更多】超链接。

2 进行工具添加

在打开的界面中，单击【360 免费 WiFi】图标按钮，进行工具添加。

3 设置 Wi-Fi 名称和密码

添加完毕后，弹出【360 免费 WiFi】对话框，用户可以根据需要设置 Wi-Fi 名称和密码。

4 单击【已连接的手机】

单击【已连接的手机】可以看到连接的无线设备，如下图所示。

第 7 章

管理电脑中的软件

本章视频教学时间 / 46 分钟

重点导读

软件是电脑的管家，用户要借助软件来完成各项工作。在安装完操作系统后，用户首先要考虑的就是安装软件，以满足用户使用电脑工作和娱乐的需求。而卸载不常用的软件则可以让电脑轻松工作。

学习效果图

7.1 认识常用软件

本节视频教学时间 / 12 分钟

软件是多种多样的，渗透了各个领域，分类也极为丰富，主要的种类有视频音乐、聊天互动、游戏娱乐、系统工具、安全防护、办公应用、教育学习、图形图像、编程开发、手机数码等，下面主要介绍常用的软件。

1. 文件处理类

电脑办公离不开文件的处理。常见的文件处理软件有 Office、WPS、Adobe Acrobat 等。

（1）Office 电脑办公软件

Office 是最常用的办公软件之一，使用人群较广。Office 办公软件包含 Word、Excel、PowerPoint、Outlook、Access、Publisher 和 OneNote 等组件。Office 中最常用的 4 大办公组件是 Word、Excel、PowerPoint 和 Outlook。

（2）WPS Office

WPS（Word Processing System），中文意为文字编辑系统，是金山软件公司的一种办公软件，可以实现办公软件最常用的文字、表格、演示等多种功能，而且软件完全免费，目前最新版为 WPS Office 2019。

2. 文字输入类

输入法软件有搜狗拼音输入法、QQ拼音输入法、微软拼音输入法、智能拼音输入法、全拼输入法、五笔字型输入法等。下面介绍几种常用的输入法。

（1）搜狗输入法

搜狗输入法是国内主流的汉字拼音输入之一，其最大特点，是实现了输入法和互联网的结合。搜狗拼音输入法是基于搜索引擎技术的输入法产品，用户可以通过互联网备份自己的个性化词库和配置信息。搜狗拼音输入法为国内主流汉字拼音输入法之一。下图所示为搜狗拼音输入法的状态栏。

（2）QQ 拼音输入法

QQ 输入法是腾讯旗下的一款拼音输入法，与大多数拼音输入法一样，QQ拼音输入法支持全拼、简拼、双拼三种基本的拼音输入模式。而在输入方式上，QQ拼音输入法支持单字、词组、整句的输入方式。目前QQ拼音输入法由搜狗公司提供的客户端软件，与搜狗输入法无太大区别。

3. 沟通交流类

常见的办公文件中便于沟通交流的软件有飞鸽、QQ、微信等。

（1）飞鸽传书

飞鸽传书（FreeEIM）是一款优秀的企业即时通信工具。它具有体积小、速度快、运行稳定、半自动化等特点，被公认为是目前企业即时通信软件中比较优秀的一款。

（2）QQ

腾讯QQ有在线聊天、视频电话、点对点续传文件、共享文件等多种功能，是在办公中使用率较高的一款软件。

（3）微信

微信是腾讯公司推出的一款即时聊天工具，可以通过网络发送语音、视频、图片和文字等。主要在手机中使用最为普遍。

4. 网络应用类

在办公中，有时需要查找资料或是下载资料，使用网络可快速完成这些工作。常见的网络应用软件有浏览器、下载工具等。

浏览器是指可以显示网页服务器或者文件系统的HTML文件内容，并让用户与这些文件交互的一种软件。常见的浏览器有Microsoft Edge浏览器、搜狗浏览器、360安全浏览器等。

5. 安全防护类

在电脑办公的过程中，有时会出现电脑的死机、黑屏、重新启动以及电脑反应速度很慢，或者中毒的现象，使工作成果丢失。为防止这些现象的发生，防护措施一定要做好。常用的免费安全防护类软件有360安全卫士、腾讯电脑管家等。

360安全卫士是一款由奇虎360推出的功能强、效果好、受用户欢迎的上网安全软件。360安全卫士拥有查杀木马、清理插件、修复漏洞、电脑体检、保护隐私等多种功能，并独创了"木马防火墙"功能。360安全卫士使用极其方便实用，用户口碑极佳，用户较多。

电脑管家是腾讯公司出品的一款免费专业安全软件，集合"专业病毒查杀、智能软件管理、系统安全防护"于一身，同时还融合了清理垃圾、电脑加速、修复漏洞、软件管理、电脑诊所等一系列辅助电脑管理功能，满足用户杀毒防护和安全管理的双重需求。

6. 影音图像类

在办公中，有时需要作图，或播放影音等，这时就需要使用影音图像工具。常见的影音图像工具有 Photoshop、暴风影音、会声会影等。

Adobe Photoshop，简称"PS"，主要处理以像素所构成的数字图像。使用其众多的编修与绘图工具，可以更有效地进行图片编辑工作，PS 是比较专业的图形处理软件，使用难度较大。

会声会影，是一个功能强大的"视频编辑" 软件，具有图像抓取和编修功能，可以抓取并提供超过 100 多种的编制功能与效果，可导出多种常见的视频格式，甚至可以直接制作成 DVD 和 VCD 光盘。支持各类编码，包括音频和视频编码。是最简单好用的 DV、HDV 影片剪辑软件。

7.2 软件的获取方法

本节视频教学时间 / 6 分钟

安装软件的前提就是需要有软件安装程序，一般是 EXE 程序文件，基本上都是以 setup.exe 命名的，还有不常用的 MSI 格式的大型安装文件和 RAR、ZIP 格式的绿色软件，而这些文件的获取方法也是多种多样的，主要有以下几种途径。

7.2.1 安装光盘

如购买的电脑、打印机、扫描仪等设备，都会有一张随机光盘，里面包含了相关驱动程序，用户可以将光盘放入电脑光驱中，读取里面的驱动安装程序，并进行安装。

另外，也可以购买安装光盘，市面上普遍销售的是一些杀毒软件、常用工具软件的合集光盘，用户可以根据需要进行购买。

7.2.2 在官方网站下载

官方网站是指一些公司或个人，建立的最具权威、最有公信力或唯一指定网站，以达到介绍和宣传产品的目的。下面以"美图秀秀"软件介绍为例进行介绍。

1 下载该软件

在 Internet 浏览器地址栏中输入软件下载网址,并按【Enter】键,进入官方网站,单击【立即下载】按钮下载该软件。

2 选择【另存为】选项

页面底部将弹出操作框,提示"运行"还是"保存",这里单击【保存】按钮的下拉按钮,在弹出的下拉列表中选择【另存为】选项。

> **提示**
>
> 选择【保存】选项,将会自动保存至默认的文件夹中。
> 选择【另存为】选项,可以自定义软件保存位置。选择【保存并运行】选项,在软件下载完成之后将自动运行安装文件。

3 选择存储位置

弹出【另存为】对话框,选择文件存储的位置。

4 打开文件夹

单击【保存】按钮,即可开始下载软件。提示下载完成后,单击【运行】按钮,可打开该软件安装界面,单击【打开文件夹】按钮,可以打开保存软件的文件夹。

7.2.3 通过电脑管理软件下载

通过电脑管理软件,也可以使用自带的软件管理工具下载和安装,如常用的有 360 安全卫士、电脑管家等。如下图为 360 安全卫士的 360 软件管家界面。

7.3 实战——软件安装的方法

本节视频教学时间 / 4 分钟

使用安装光盘或者从官网下载软件后,需要使用安装文件的 EXE 文件进行安装;

而在电脑管理软件中选择要安装的软件后，系统会自动进行下载安装。下面以美图秀秀软件为例介绍软件安装的具体操作步骤。

1 双击安装文件

打开上一节下载美图秀秀软件时保存的文件夹，即可看到下载后的美图秀秀安装文件。双击名称为"xiuxiu_setup.exe"的文件。

提示

可以看到安装文件的后缀名为".exe"，说明该文件为可执行文件。

2 弹出安装界面

弹出美图秀秀的安装界面，单击【一键安装】按钮。

提示

用户也可以单击【自定义安装】选项，自定义安装位置及启动项设置等。

3 开始安装

软件即可开始安装，如下图所示。

4 安装完成

提示安装完成后，单击【立即体验】按钮，即可运行该软件，如不需要运行该软件，单击【安装完成】按钮即可。

7.4 实战——软件的更新/升级

本节视频教学时间 / 4分钟

软件不是一成不变的，而是一直处于升级和更新状态，特别是杀毒软件的病毒库，必须不断升级。软件升级主要分为自动检测升级和使用第三方软件升级两种方法。

7.4.1 自动检测升级

这里以"360 安全卫士"为例来介绍自动检测升级的方法。

1 选择【程序升级】命令

右键单击电脑桌面右下角"360 安全卫士"图标，在弹出的界面中选择【升级】➤【程序升级】命令。

2 弹出对话框

弹出【获取新版本中】对话框，如下图所示。

3 选择版本选项

获取完毕后弹出【发现新版本】对话框，选择要升级的版本选项，单击【确定】按钮。

4 安装最新版本

弹出【正在下载新版本】对话框，显示下载的进度。下载完成后，单击安装即可将软件更新到最新版本。

7.4.2 使用第三方软件升级

用户可以通过第三方软件升级软件，如 360 安全卫士和 QQ 电脑管家等，下面以 360 软件管家为例简单介绍如何利用第三方软件升级软件。

打开 360 软件管家界面，选择【软件升级】选项卡，在界面中即可显示可以升级的软件，单击【升级】按钮或【一键升级】按钮即可。

7.5 实战——软件的卸载

本节视频教学时间 / 3分钟

软件的卸载主要有以下几种方法。

7.5.1 使用软件自带的卸载组件

当软件安装完成后，会自动添加在【开始】菜单中，如果需要卸载软件，可以在【开始】菜单中查找是否有自带的卸载组件，下面以卸载"迅雷游戏盒子"软件为例讲解。

1 选择【卸载】命令

打开"开始"菜单，在常用程序列表或所有应用列表中，选择要卸载的软件，单击鼠标右键，在弹出的菜单中选择【卸载】命令。

2 选择需要卸载的程序

弹出【程序和功能】窗口，选择需要卸载的程序，然后单击【卸载 / 更改】按钮。

③ 单击【卸载】按钮

弹出软件卸载对话框，单击【卸载】按钮，即可卸载。

7.5.2 使用设置面板

在 Windows 10 操作系统中，推出了【设置】面板，其中集成可控制面板的主要功能，用户也可以在【设置】面板中卸载软件。

① 单击【系统】选项

按【Windows+I】组合键，打开【设置】界面，单击【系统】选项。

② 选择【应用和功能】选项

进入【设置】界面，选择【应用和功能】选项，即可看到所有应用列表。

③ 单击【卸载】按钮

在应用列表中，选择要卸载的程序，单击程序下方的【卸载】按钮。

④ 单击【卸载】按钮

在弹出提示框中，单击【卸载】按钮。

⑤ 开始卸载

弹出软件卸载对话框，单击【开始卸载】按钮，即可完成卸载。

7.5.3 使用第三方软件卸载

用户还可以使用第三方软件，如360软件管家、电脑管家等来卸载不需要的软件，具体操作步骤如下。

1 单击【一键卸载】按钮

启动360软件管家，在打开的主界面中单击【卸载】图标，进入【卸载】界面，可以看到计算机中已安装的软件，单击选中需要卸载的软件，单击【一键卸载】按钮。

2 卸载完成

提示卸载完成后，表示卸载完成，如下图所示。

7.6 实战——使用 Windows Store

本节视频教学时间 / 10分钟

在Windows商店中，用户可以获取并安装Modern应用程序。经过多年的发展，应用商店中的应用程序包括20多种分类，总数量达60万以上，包括商务办公、影音娱乐、日常生活等各种应用，可以满足不同用户的使用需求，极大地增强了Windows的使用体验。本节主要介绍如何使用Windows Store。

7.6.1 搜索并下载应用

在使用Windows Store之前，用户必须登录Microsoft账户。

1 单击【应用商店】磁贴

初次使用Windows Store时，其启动图标固定在"开始"屏幕中，按【Windows】键，弹出开始菜单，单击【应用商店】磁贴。

2 搜索要下载的应用

此时，即可打开应用商店程序，在应用商店中包括主页、应用和游戏 3 个选项，默认打开为【主页】页面，单击【应用】选项，则显示热门应用和详细的应用类别；单击【游戏】选项，则显示热门的游戏应用和详细的游戏分类。在右侧的搜索框中，输入要下载的应用，如"微信"，在搜索框下方弹出相关的应用列表，选择符合的应用。

3 单击【获取】按钮

进入相关应用界面，单击【获取】按钮。

📢 提示
付费的应用，则会显示【购买】按钮。

4 下载该应用

此时，即可下载该应用，并在页面顶端显示下载的进度。

5 运行该应用程序

下载完成后，即会显示【启动】按钮，单击该按钮即可运行该应用程序。

6 固定到"开始"屏幕

如下图即为该应用的主界面。用户也可以在所有程序列表中找到下载的应用，可以将其固定到"开始"屏幕，以方便使用。

7.6.2 购买付费应用

在 Windows Store 中，有一部分应用是收费性质的，需要用户进行支付并购买，以人民币为结算单位，默认支付方式为支付宝，购买付费应用具体步骤如下。

1 单击【购买】按钮

选择要下载的付费应用，单击付费金额按钮，如这里单击【购买】按钮。

2 输入账号密码

首次购买付费应用，会弹出【请重新输入 Microsoft Store 的密码】对话框，在密码文本框中输入账号密码，单击【登录】按钮。

3 单击【开始使用】选项

进入如下界面，单击【开始使用！增加一种支付方式】选项。

4 选择【支付宝】选项

进入【获取付款方式】界面，选择付款方式，如选择【支付宝】选项。

5 输入账号及绑定的手机号

进入【添加你的支付宝账户】界面，输入账号及绑定的手机号，单击【下一步】按钮。

即可购买。

6 输入代码

进入【需要其他验证】界面，输入手机上收到的代码，并按【确定】按钮。

8 购买成功

支付成功后，返回应用商店即可看到对话框提示购买成功，则转向程序下载。

7 单击【购买】按钮

进入购买页面，单击【购买】按钮，

7.6.3 查看已购买应用

不管是收费的应用程序，还是免费的应用程序，在 Windows Store 中都可以查看使用当前 Microsoft 账号购买的所有应用，也包括 Windows 8 中购买的应用，具体查看步骤如下。

1 单击【我的库】命令

打开 Windows Store，单击顶部的账号头像，在弹出的菜单中，单击【我的资料库】命令。

> **提示**
>
> 单击【已购买】命令，可转向浏览器查看购买的记录。

2 查看应用

进入【全部已拥有项目】界面，即可看到该账户拥有的应用。

3 单击【install】按钮

在已购买应用的右侧有【install】按钮，则表示当前电脑未安装该应用，单击【install】按钮，可以直接下载，如下图所示。否则，电脑中则安装有该应用。

7.6.4 更新应用

Modern 应用和常规软件一样，每隔一段时间，应用开发者会对应用进行版本升级，以修补前期版本的问题或提升功能体验，如果希望获得最新版本，可以通过查看更新，来升级当前版本，具体步骤如下。

1 单击【获取更新】按钮

在 Windows Store 中，单击顶部的账号头像，在弹出的菜单中，单击【下载和更新】命令，即可进入【下载和更新】界面，在此界面也可以看到正在下载的应用队列和进度。如果更新应用，单击【获取更新】按钮。

2 下载可更新的应用

应用商店即会搜索并下载可更新的应用，如下图所示。

高手私房菜

技巧1：安装更多字体

除了 Windows 7 系统中自带的字体外，用户还可以自行安装字体，在文字编辑上更胜一筹。字体安装的方法主要有3种。

（1）右键安装

选择要安装的字体，单击鼠标右键，在弹出的快捷菜单中，选择【安装】选项，即可进行安装，如下图所示。

（2）复制到系统字体文件夹中

复制要安装的字体，打开【计算机】在地址栏里输入 C:/WINDOWS/Fonts，单击【Enter】按钮，进入 Windows 字体文件夹，粘贴到文件夹里即可，如下图所示。

（3）右键作为快捷方式安装

1 单击【字体设置】链接

打开【计算机】在地址栏里输入 C:/WINDOWS/Fonts，单击【Enter】按钮，进入 Windows 字体文件夹，然后单击左侧的【字体设置】链接。

2 单击【确定】按钮

在打开的【字体设置】窗口中，勾选【允许使用快捷方式安装字体（高级）（A）】选项，然后单击【确定】按钮。

3 选择【作为快捷方式安装】菜单命令

选择要安装的字体，单击鼠标右键，在弹出的快捷菜单中，选择【作为快捷方式安装】菜单命令，即可安装。

> **提示**
>
> 第1种和第2种方法直接安装到 Windows 字体文件夹里，会占用系统内存，并会影响开机速度，建议如果是少量的字体安装，可使用该方法。而使用快捷方式安装字体，只是将字体的快捷方式保存到 Windows 字体文件夹里，可以达到节省系统空间的目的，但是不能删除安装字体或改变位置，否则无法使用。

技巧 2：解决安装软件时提示"扩展属性不一致"问题

解决 Windows 10 系统安装软件时提示"扩展属性不一致"问题，具体操作步骤如下。

（1）如果提示"扩展属性不一致"时输入法不是微软的输入法，而是搜狗输入法或其他第三方输入法，按【Windows+ 空格】组合键切换回系统默认的输入法就可以解决。

（2）安装后可以把第三方输入法更新到最新版本，就可以兼容了。

第 8 章

多媒体娱乐

🎧 重点导读

Windows 10 操作系统提供了强大的多媒体娱乐功能，用户可以利用其充分放松身心。本章主要介绍如何使用电脑浏览和编辑照片、听音乐、看电影和玩游戏。

📖 学习效果图

8.1 实战——浏览和编辑照片

本节视频教学时间 / 12分钟 🎬

Windows 系统自带的照片管理软件可以很方便地进行照片的查看与管理。除此之外，还可以使用美图秀秀和 Photoshop 美化处理照片。本节以"照片"应用为例，介绍如何浏览和编辑照片。

8.1.1 查看照片

在 Windows 10 操作系统中，默认的看图工具是"照片"应用，查看照片的具体操作步骤如下。

① 通过"照片"应用查看照片

打开照片所在的文件夹。双击需要查看的照片，即可通过"照片"应用查看照片。

② 查看上一张照片

单击【照片】应用窗口中的【下一个】按钮，可查看下一张照片；单击【上一个】按钮，可查看上一张照片。

> 🔈 提示
>
> 向上或向下滚动鼠标滑轮，可以向上或向下切换照片。

③ 单击【幻灯片放映】命令

单击窗口中的【查看更多】按钮⋯，在弹出的菜单中，单击【幻灯片放映】命令。

④ 播放文件夹内的照片

此时，即可以幻灯片的形式查看照片，照片上无任何按钮，且自动切换并播放该文件夹内的照片。

> **提示**
>
> 按【F5】键，可以快速进入幻灯片放映状态。

5 调整照片大小

放大或缩小查看照片。单击【缩放】按钮 🔍，弹出控制器，可以拖曳滑块，调整照片大小。

> **提示**
>
> 按住【Ctrl】键的同时，向上或向下滚动鼠标滑轮，可以放大或缩小照片大小比例，也可以在双击鼠标左键，放大或缩小照片大小比例。按【Ctrl+1】组合键为实际大小显示照片，按【Ctrl+0】组合键为适应窗口大小显示照片。

8.1.2 旋转照片

图像的旋转就是对图像进行旋转操作，可以纠正照片中主体颠倒的问题，具体操作步骤如下。

1 单击【旋转】按钮

打开要编辑的照片，单击【照片】应用窗口顶端的【旋转】按钮 ↻ 或按【Ctrl+R】组合键。

2 旋转至合适的方向

照片即会向右逆时针旋转 90°，再次单击则再次旋转，直至旋转为合适的方向即可，如下图所示。

8.1.3 裁剪照片

在编辑照片时，为了突出照片主体，可以将多余的照片留白进行裁剪，以达到更好的效果。裁剪照片的具体步骤如下。

1 选择【编辑】命令

打开要编辑的照片，单击【照片】应用窗口顶端的【通过此照片获取创意】按钮※，在弹出的菜单列表中，选择【编辑】命令。

2 进入编辑界面

此时，即可进入编辑界面，单击【裁剪和旋转】按钮。

3 调整定界框大小

将光标移至定界框的控制点上，单击并拖曳鼠标调整定界框的大小。

4 调整纵横比

用户也可以单击【纵横比】按钮，选择要调整的纵横比，左侧预览窗口即可显示效果。

5 单击【保存副本】按钮

尺寸调整完毕后，单击【完成】按钮，即可完成调整。单击【保存】按钮，则替换原有照片为当前编辑后的照片，单击【保存副本】按钮，则另存为一个新照片，原照片则继续保留。例如，单击【保存副本】按钮。

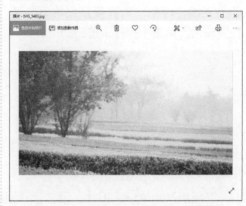

名会发生改变，并进入照片预览模式，如下图所示。

6 生成一个新照片

此时，即生成一个新照片，其文件

8.1.4 美化照片

除了基本编辑外，使用"照片"应用，增强照片的效果和调整照片的色彩等。

1 进入照片编辑模式

打开要美化的照片，按【Ctrl+E】组合键，进入照片编辑模式。

2 调整增强强度

选择【增强照片】按钮，照片即会自动调整，并显示调整后的效果，也可用鼠标拖曳调整增强强度。

3 应用滤镜

用户也可以为照片应用滤镜，单击可查看滤镜效果。

153

4 单击【保存】按钮

单击【调整】选项卡，拖曳鼠标可调整光线、颜色、清晰度及晕影等，调整完成后，单击【保存】按钮即可。

8.1.5 为照片添加 3D 效果

在新版 Windows 10 中，添加了"添加 3D 效果"功能，如降雪、落叶等效果，具体操作步骤如下。

1 单击【添加 3D 效果】命令

打开要编辑的照片，单击【照片】应用窗口顶端的【通过此照片获取创意】按钮❂，在弹出的下拉菜单中，单击【添加 3D 效果】命令。

2 打开 3D 照片编辑器

此时，即可打开 3D 照片编辑器，如右图所示。在界面右侧展示了内置的 3D 效果。

3 进入编辑页面

如单击【纷飞秋叶】效果，则进入编辑页面，可以移动效果附加到图片中的某一处位置及设置效果展示的时间，也可以设置效果的音量大小

4 预览添加后的效果

单击【播放】按钮▷，即可预览添加后的效果。

5 保存作品

设置完成后，单击【保存副本】按钮，即会保存用户的作品。

6 生成小视频

生成完毕后，即会生成一个 MP4 格式的小视频。

8.2 实战——听音乐

本节视频教学时间 / 15 分钟

Windows 10 操作系统给用户带来了更好的音乐体验，本节主要介绍 Groove 音乐播放器的设置与使用、在线听歌曲、下载音乐等内容。

8.2.1 Groove 音乐播放器的设置与使用

Groove 音乐播放器是 Windows 10 操作系统中自带的一个音乐播放音乐，其简单干净的界面，继承了 Windows Media Player 的优点，但对于初次接触的用户，多少会有些陌生，本节就介绍如何使用 Groove 音乐播放器。

1. 播放选取的歌曲

如果电脑中没有安装其他音乐播放器，则默认 Groove 音乐播放器为打开软件，双击歌曲文件即可播放。如果选取多首歌曲，则需右键单击歌曲文件，在弹出的快捷菜单中，单击【打开】命令，进行播放。

如果电脑中安装多个音乐播放器，而 Groove 音乐播放器，可以右键单击歌曲文件，在弹出的快捷菜单中，单击【打开方式】➤【Groove 音乐】菜单命令，即可播放所选歌曲。

2. 在 Groove 音乐播放器添加歌曲

　　用户可以在 Groove 音乐播放器中添加包含歌曲的文件夹，以便该应用可以快速识别并将歌曲添加到应用中，具体操作步骤如下。

1 新建文件夹

　　新建文件夹，将歌曲文件放在文件夹下，如下图所示。

2 打开 Groove 音乐播放器

　　打开 Groove 音乐播放器，单击【我的音乐】页面下的【选择查找音乐的位置】选项。

③ 单击【添加文件夹】按钮

在弹出的【从本地曲库创建个人"收藏"】对话框中，单击【添加文件夹】按钮。

④ 选择文件夹

在弹出的【选择文件夹】对话框中，选择电脑中的歌曲文件夹，并单击【将此文件夹添加到 音乐】按钮。

⑤ 单击【完成】按钮

返回【从本地曲库创建个人"收藏"】对话框，单击【完成】按钮。

⑥ 添加音乐文件

播放器即会扫描并添加音乐文件，如右图所示。

⑦ 单击【无序播放所有】按钮

单击左侧菜单区域的按钮，可以以专辑、歌手、歌曲等分类显示添加的歌曲，下图为以"歌曲"列表显示。单击【无序播放所有】按钮即可播放所有歌曲。

3. 建立播放列表

除了可以添加文件夹外，用户可以建立播放列表，方便对不同的歌曲进行分类，具体操作步骤如下。

① 单击【添加到】按钮

在歌曲左侧的复选框中进行勾选，选择要添加的歌曲后，单击【添加到】按钮。

2 选择【新的播放列表】命令

在弹出的快捷菜单中，选择【新的播放列表】命令。

3 单击【创建播放列表】按钮

弹出如右对话框，在文本框中输入播放列表名称，单击【创建播放列表】按钮。

4 播放音乐

单击【显示菜单】按钮，即可看到创建的播放列表名称，单击该名称，即可显示改播放列表页面，单击【播放】按钮，即可播放音乐。

8.2.2 在线听歌

除了电脑上的音频文件，也可以直接在线收听网上的音乐。用户可以直接在搜索引擎中查找想听的音乐，也可以使用音乐播放软件在线听歌，如酷我音乐盒、酷狗音乐、QQ音乐、多米音乐等，下面以酷我音乐盒为例，介绍如何在线听歌。

1 进入酷我音乐盒主界面

下载并安装"酷我音乐盒"软件，安装完成后启动软件，进入酷我音乐盒的播放主界面。

2 选择【排行榜】菜单

在酷我音乐盒界面左侧，可选择【精选】、【歌手】、【排行榜】、【歌单分类】、【主播电台】、【音乐会员】等。这里选择【排行榜】菜单。

3 同步显示歌词

在音乐列表中，选择要播放的音乐，单击歌曲名称即可播放，单击【打开音乐详情页】按钮，即可同步显示歌词。

4 观看歌曲的 MV

单击左侧的【MV】选项，可观看歌曲的 MV。

8.2.3 下载音乐

下载音乐主要可以在网站和音乐客户端下载，而在客户端更为方便、快捷，下面以在"搜狗音乐"软件为例，讲述如何下载音乐。

1 进行批量下载

下载并安装搜狗音乐软件，并启动软件进入主界面。在顶部搜索框中输入要下载的歌曲，按【Enter】键进行搜索，然后在搜索的相关歌曲中，选择要下载的歌曲，单击对应歌曲的【下载】按钮。如果要下载多首，可在歌曲名前勾选复选框，单击【下载】按钮，进行批量下载。

3 显示下载进度

单击【立即下载】按钮，即可下载该歌曲，在左侧【我的下载】列表中显示下载的进度。

2 进行设置

弹出【下载窗口】，选择歌曲的音质和设置下载地址。

4 下载完毕

下载完毕后，单击【已下载】选项，即可看到下载的歌曲，单击歌曲名即可播放，也可将其传到手机或添加到播放列表中。

8.3 实战——看电影

本节视频教学时间 / 8 分钟

随着电脑及网络的普及，越来越多的人开始在电脑上观看电影视频，本节主要讲述如何在电脑中看视频、在线看电影、下载电影等。

8.3.1 使用电影和电视应用

电影和电视是 Windows 10 中默认的视频播放应用，以其简洁的界面，简单的操作，给用户带来了不错的体验。

电影和电视应用和 Groove 音乐播放器的使用方法相似，具体使用方法如下。

1 单击【电影和电视】磁贴

按【Windows】键，在弹出的"开始"屏幕中，单击【电影和电视】磁贴。

2 单击【添加文件夹】选项

此时，即可打开电影和电视应用，如下图即为主界面。如要添加视频，可单击【添加文件夹】选项。

3 单击【完成】按钮

在弹出的界面中，添加视频所在的文件夹，并单击【完成】按钮。

4 添加完成

返回【视频】界面，即可看到添加的文件夹。

5 单击文件夹图标

单击文件夹图标，即可看到文件夹内的电影缩略图。

6 播放视频

单击要播放的视频缩略图，即可播放，如右图所示。通过下方的控制按钮，可以调整电影的播放速度、声音、窗口大小等。

由于【电影和电视】应用支持的视频格式有限，主要支持 MP4 格式视频文件，如不支持 AVI、RMVB、RM、MKV等格式，建议可以使用系统自带的Windows Media Player 播放器进行播放，或者下载迅雷看看、暴风影音等播放工具观看视频。

8.3.2 在线看电影

在网速允许的情况下，在线看视频、看电影，不需要将其缓存下来，极其方便。一般在线看电影主要可以通过视频客户端和网页浏览器进行观看。使用视频客户端是较为常用的方式，可以随看随播，如常用的有爱奇艺视频、腾讯视频、优酷和乐视视频等，下面以爱奇艺为例，讲述如何在线播放视频。

1 进入爱奇艺主页

打开浏览器，在地址栏中输入爱奇艺网网址，然后按【Enter】键，即可进入爱奇艺网主页。

2 选择要播放的视频

如果要观看指定的视频，可以在搜索框中，输入要搜索的视频，然后在搜索的结果中，选择要播放的视频。

3 观看视频

此时，即可观看视频节目，效果如下图所示。

的导航栏中，选择要看的节目分类。

4 选择节目分类

另外，单击【导航】选项，在弹出

8.3.3 下载电影

将电影下载到电脑中，可以方便自己随时观看影片。而下载电影的方法也有多种，我们可以使用软件下载电影，也可以使用影视客户端离线下载。下面以爱奇艺客户端为例，讲述如何离线下载电影。

1 单击【下载】按钮

打开软件进入主界面，在顶部搜索框中输入想看的节目名称，搜索观看。在搜索的结果中，在要下载的栏目中，单击【下载】按钮。

2 进行设置

在弹出的【新建下载任务】窗格中，选择要下载的视频、清晰度及保存路径，然后单击【下载】按钮。

3 单击【查看列表】按钮

如弹出如下提示框，则表示已添加下载，单击【确定】按钮，可以查看其他内容，也可以单击【查看列表】按钮。

4 查看下载情况

此时，即可查看下载情况，如下图

所示。

5 单击【播放】按钮

下载完成后，即会显示到【已下载】列表中，单击【播放】按钮 ▷。

6 播放该视频文件

此时，即可播放该视频文件，如下图所示。

8.4 实战——玩游戏

本节视频教学时间 / 9 分钟

在 Windows 10 操作系统中附带了可供用户娱乐的小游戏，玩家还可以在应用商店中下载很多好玩的游戏。

8.4.1 单机游戏——纸牌游戏

Windows 10 系统自带了多种纸牌游戏，每种玩法中又分为简单、困难等几个级别，可以给用户带来不同的休闲娱乐体验，下面简单地介绍 Windows 10 系统中自带的纸牌游戏玩法，具体操作步骤如下。

1 打开"开始"屏幕

按【Windows】键，打开"开始"屏幕，在所有应用列表中选择"Microsoft Solitaire Collection"选项。

2 单击【纸牌】游戏图标

打开【Microsoft Solitaire Collection】游戏主界面，在主界面单击【纸牌】游

戏图标。

3 选择一种模式

此时，即可进入【纸牌】游戏的主界面，在弹出的对话框中，选择一种模式，

并单击【开始游戏】按钮。

4 根据顺序排列

Klondike 纸牌的目标是在右上角构建四组按从小到大顺序排列的牌，每组只能包含一个花色。四组牌基牌必须从 A 开始，以 K 结束。下方各列中的牌可以移动，但必须从大到小排列，并且两张相邻的牌必须黑红交替。将底牌翻开之后，根据顺序再将下面罗列好的牌放到上面的空白处。

5 单击【菜单】按钮

单击左上角【菜单】按钮，可以对游戏进行设置。

6 重新开始

如果全部罗列完成，则会弹出如下对话框，单击【新游戏】按钮，可以重新开始。

8.4.2 联机游戏——Xbox

Xbox 是微软公司所开发的一款家用游戏机，在 Windows 10 系统中，微软将旗下各个平台的设备通过 Microsoft 账户进行统一，同时也推出了 Windows 10 版 Xbox One 应用程序，将 Xbox 游戏体验融入 Windows 10 中，用户可以通过本地 Wi-Fi 将 Xbox 游戏串流到 Windows 10 设备中，如台式机、笔记本或平板电脑上，也可以同步储存用户的游戏记录、好友列表、成就额点数等信息。

1. 登录 Xbox 应用

用户使用 Microsoft 账户即可登录 Xbox 应用，具体操作步骤如下。

1 单击【Xbox】应用磁贴

按【Windows】键，在弹出的开始菜单中，单击【Xbox】应用磁贴。

2 登录 Xbox

弹出 Xbox 登录界面，即可开始登录 Xbox。

3 设置用户名称

首次登录后，弹出如下对话框，设置用户名称，单击【让我们一起玩吧】按钮。

4 进入 Xbox 界面

连接成功后，即可进入 Xbox 界面，如下图所示。

2. 添加游戏

用户可以将游戏添加到 Xbox 应用中，这样可以储存游戏记录、记录游戏成就以及分享游戏片段等。

在 Xbox 应用中，单击【我的游戏】按钮，即可看到电脑中的游戏列表。用户从应用商店中下载的游戏都会显示列表中，也可以单击【从您的电脑添加游戏】按钮，添加电脑中的游戏。

另外，单击【Microsoft Store】按钮🔲，从 Windows 10 应用商店、Xbox One 或 Xbox Game Pass 获取应用。

3. 流式传输游戏

Windows 10 扩展了 Xbox 游戏的体验方式，用户可以通过台式机、笔记本电脑或者平板电脑上利用本地 Wi-Fi 将 Xbox One 中的游戏流式传输到设备中，具体步骤如下。

1 添加一个设备

在 Xbox 界面中，单击【连接】按钮🖥️，进入【连接您的 Xbox One】界面，单击【添加一个设备】按钮。

2 单击【连接】按钮

弹出【添加一个设备】对话框，选择要添加的设备，如果未检测到 Xbox 游戏主机，可以在文本框中输入 IP 地址，并单击【连接】按钮。

3 单击【流式传输】按钮

返回【连接您的 Xbox One】界面，单击【流式传输】按钮。

4 开始游戏

此时，即可开始连接 Xbox 游戏主机，提示连接成功后，即可使用控制器操纵屏幕，开始游戏。

高手私房菜

技巧1：将喜欢的照片设置为照片磁贴

　　用户可以将自己喜欢的照片设置为照片应用的磁贴，使开始屏幕更加个性，具体操作步骤如下。

1 设置为照片磁贴

　　打开要设置为照片磁贴的照片，单击【查看更多】按钮，在弹出的菜单中单击【设置为】➤【设置为应用磁贴】菜单命令。

2 打开开始屏幕

　　设置完毕后，打开开始屏幕，即可看到应用后的效果，如下图所示。

技巧2：创建照片相册

　　在照片应用中，用户可以创建照片相册，将同一主题或同一时间段的照片，添加到同一个相册中，并为其设置封面，以方便查看。创建照片相册，具体操作步骤如下。

1 单击【新建相册】按钮

打开【照片】应用，单击【相册】选择，进入相册界面，然后单击【新建相册】按钮。

2 单击【创建】按钮

进入【新建相册】界面中，拖曳鼠标浏览并选择要添加到相册的照片，并单击【创建】按钮，进行确认。

3 编辑完成

进入相册编辑界面，用户可以在标题文本框中编辑相册标题、设置相册封面和添加或删除照片，编辑完成后，单击【完成】按钮。

4 单击【编辑】按钮

编辑完成后，也可以单击【编辑】按钮。

5 设置效果

进入相册编辑页面，可以单击设置主题、旁白、纵横比及文字等效果。

第9章

使用电脑上网

本章视频教学时间 / 44 分钟

🎧 重点导读

上网已成为人们学习和工作的一种方式。用户可以在网上查看信息、下载需要的资源、网上购物等，从而获得了极大的便利。

📖 学习效果图

9.1 实战——使用 Microsoft Edge 浏览器上网

本节视频教学时间 / 18 分钟

Microsoft Edge 浏览器是微软推出的一款全新、轻量级的浏览器，是 Windows 10 操作系统的默认浏览器。与 IE 浏览器相比，其在媒体播放、扩展性和安全性上都有很大提升，又集成了 Cortana、Web 笔记和阅读视图等众多新功能，是浏览网页的不错选择。

9.1.1 Microsoft Edge 的功能与设置

Microsoft Edge 浏览器采用了简单整洁的界面设计风格，使其更具现代感，如下图即为其主界面，主要由标签栏、功能栏和浏览区 3 部分组成。

在标签栏中显示了当前打开的网页标签，如上图显示了百度的网页标签，单击【新建标签页】按钮 ➕，即可新建一个标签页，如下图所示。单击【自定义】超链接可以编辑新标签页的打开方式。

在功能栏中包含了前进、后退、刷新、主页、地址栏、中心、添加笔记和共享。

单击【设置及其他】按钮，可以打开 Microsoft Edge 浏览器的设置菜单，用户可以设置浏览器的主题、显示收藏夹栏、默认主页、清除浏览数据、阅读视图风格以及高级设置等。下面介绍几个常用的设置。

1. 主页的设置

用户可以根据需求设置启动 Microsoft Edge 浏览器后显示的网页主页面。单击【设置及其他】按钮，在弹出的菜单列表中，选择【设置】命令，打开 Microsoft Edge 浏览器的设置菜单，在【Microsoft Edge 打开方式】列表中选择【特殊页】选项，并在【输入网址】文本框中输入要设置的主页网址，然后单击【添加】按钮即可将其设置为默认主页。

2. 设置地址栏搜索方式

在 Microsoft Edge 浏览器地址栏中可以输入并访问网址，也可以输入要搜索的关键词或内容，进行搜索，默认搜索引擎为必应，另外也提供百度搜索引擎方式，用户可以根据需要对其进行修改。

在设置菜单中，单击【高级设置】选项，进入高级设置菜单，在【地址栏使用的搜索站点】区域下，单击【更改搜索引擎】按钮，在选择列表中选择要设置的搜索引擎，并单击【设为默认值】按钮。

按【Esc】键，退出设置菜单，在地址栏中输入关键词，按【Enter】键，即可显示搜索的结果，如下图所示。

9.1.2 无干扰阅读——阅读视图

阅读视图是一种特殊的查看方式，开始阅读视图模式后，浏览器可以自动识别和屏蔽与网页无关的内容干扰，如广告等，可以阅读更加方便。

开启阅读视图模式很简单，只要符合阅读视图模式的网页，Microsoft Edge 浏览器地址栏右侧的【阅读视图】按钮则显示为可选状态，否则则为灰色不可选状态。单击【阅读视图】按钮，即可开启阅读视图模式。

启用阅读视图模式后，浏览器会为用户提供一个最佳的排版视图，将多页内容合并到同一页，此时【阅读视图】按钮则变为蓝色可选状态，再次单击该按钮，则退出阅读视图模式。

另外，用户可以在设置菜单中设置阅读视图的显示风格和字号。

9.1.3 在 Web 上书写——做 Web 笔记

Web 笔记是 Microsoft Edge 浏览器自带的一个功能，用户可以使用该功能对任何网页进行标注，可将其保存至收藏夹或阅读列表，也可以通过邮件或 OneNote 将其分享给其他用户查看。

在要编辑的网页中，单击 Microsoft Edge 浏览器右上角的【做 Web 笔记】按钮 ⬚，即可启动笔记模式，网页上方及标签都变为紫色，如下图所示。

在功能栏中，从左至右包括平移、笔、荧光笔、橡皮擦、添加键入的笔记、剪辑、保存 Web 笔记、共享 Web 笔记和退出 9 个按钮。

单击【圆珠笔】按钮 ▽ 或【荧光笔】按钮 ▽，可以结合鼠标或触摸屏在页面中进行标记，当再次单击，可以设置笔的颜色和尺寸。单击【橡皮擦】按钮 ◇，可以清除涂写的墨迹，也可清除页面中所有的墨迹。单击【添加笔记】按钮 ▢，可以为文本进行注释、添加评论等，如下图所示。

单击【剪辑】按钮 ✂，可以拖曳鼠标选择裁剪区域，以图片的形式截取复制。用户可以将其粘贴到文档中，如 Windows 日记、Word、邮件等。

Web 笔记完成后，单击【保存 Web 笔记】按钮🔳，可以将其保存到收藏夹或阅读列表中，单击【共享 Web 笔记】按钮🔗，将其以邮件或 OneNote 分享给朋友。

单击【退出】按钮，则退出笔记模式。

9.1.4 在浏览器中使用 Cortana

在 Microsoft Edge 浏览器中，集成了私人助理 Cortana，可以在浏览网页时，随时询问 Cortana，获取更多的相关信息，如相关解释、路线信息、来源信息、天气信息等。

在当前网页中，选择一个词组或一段文字，单击鼠标右键，在弹出的快捷菜单中选择【询问 Cortana 关于"微软"的信息】命令。

浏览器右侧即会显示搜索的相关信息，如下图所示。

9.1.5 无痕迹浏览——InPrivate

Microsoft Edge 浏览器支持 InPrivate 浏览，使用该功能时，可以使用户在浏览完网页关闭 InPrivate 标签页后，会删除浏览的数据，不留任何痕迹。如 Cookie、历史记录、临时文件、表单数据及用户名和密码等信息。

1 单击【新建 InPrivate 窗口】命令

在 Microsoft Edge 浏览器中，单击【设置及其他】按钮，在打开的菜单列表中，单击【新建 InPrivate 窗口】命令。

2 打开新的浏览窗口

此时，即可启用 InPrivate 浏览，打开一个新的浏览窗口，如下图所示。

3 浏览网页

此时可在浏览器中输入地址，并浏览网页，如下图所示。

4 打开新的浏览窗口

当该窗口关闭后，在该窗口中进行的任何浏览操作或记录都会被删除。在【历史记录】中是没有刚才的浏览器记录的。

9.2 实战——查看天气

本节视频教学时间 / 4分钟

天气关系着人们的生活，尤其是在出差或旅游时一定要知道所到地当天的天气如何，这样才能有的放矢地准备自己的衣物。在 Windows 10 操作系统中，集成了天气应用，可以方便地查看天气情况。

1 单击【天气】图标

按【Windows】键，在弹出的开始菜单中，单击【天气】磁贴图标。

2 定位城市

打开【天气】对话框，设置所在城市的定位或者输入城市名称，并单击【开始】按钮。

3 查看天气情况

进入【预报】界面即可看到当前城市的天气情况，拖曳窗口右侧的滑块，可以查看每小时、降水及温度的天气情况。单击【历史天气】按钮 ≦ ，可以查

看该城市的历史天气情况；单击【地点】按钮 ✤ ，可以添加其他地方和启动位置。

4 设置为"动态磁贴"

将【天气】应用设置为"动态磁贴"后，再次打开"开始"屏幕，即可看到天气情况。

另外，用户也可以在 Cortana 中搜索天气情况，也可以在 Cortana 的【笔记】中添加城市关注，可以在 Cortana 主页快速查看天气信息。

9.3 实战——网上购物

本节视频教学时间 / 14 分钟

在网上购买手机、订购车票、团购酒店等，都属于网上购物的范畴。用户可以通过电脑、手机、平板电脑等联网设备，到电子商务网站搜索喜欢的商品，然后通过网上银行、担保交易（如支付宝、财付通、快钱等）、货到付款等支付方式购买。网上购物以其购买方便、无区域限制、价格便宜等优点，深受广大网络用户喜爱。

9.3.1 网上购物流程

网上购物并不同于传统购物，只要掌握了它的购物流程，就可以快速完成购物。不管在哪家购物平台购买商品，其操作流程基本一致。

9.3.2 网上购物

了解了购物流程后，本节将详细介绍如何在网上购买东西的，具体步骤如下。

1. 注册账号

注册账号是网上购物的一个前提，购买任何物品都需要在登录该账号的情况下，进行操作，方便购买者查询账户信息，也确保其隐私和安全。下面以淘宝网为例，讲述如何注册淘宝账户。

1 进行注册

打开淘宝网主页，单击顶部【免费注册】链接，在弹出【注册协议】对话框中，单击【同意协议】按钮，进入账户注册页面，用户可以选择使用手机号码和邮箱两种方式进行注册，根据提示在文本框中输入对应的信息即可。

2 完成账号注册

进入【验证手机】页面，用户将手机短信中获取的 6 位数字的验证码，输入文本框中，单击【确定】按钮，即可根据提示完成账号注册。

> **提示**
>
> 如果没有注册成功，主要有以下 3 种原因。
> （1）已注册过的邮箱或手机不能重复注册。
> （2）请注意将输入法切换在半角状态，内容输入完毕后不要留空格。
> （3）如果注册的会员名已被使用，请更换其他名称，其具有唯一性。

2. 挑选商品

注册了购物网站的账号后，用户就可以登录该账号，在这个网站上挑选并购买自己喜欢的商品。下面以淘宝为例，具体操作步骤如下。

1 输入商品的名称

打开淘宝网的主页面，在搜索文本框中输入搜索商品的名称及信息，这里输入"无线路由器"，单击【搜索】按钮。

2 查看喜欢的产品

弹出搜索结果页面，用户筛选产品的属性、人气、价格等，然后在列表中单击选择查看喜欢的产品。

3. 放入购物车

如果选择好产品，就可以加入购物车，下面以淘宝为例，讲述如何添加到购物车。

1 单击【加入购物车】按钮

在宝贝详情界面，选择要购买的产品属性和数量，然后单击【加入购物车】按钮。

> **提示**
>
> 在购买商品前，建议联系客服咨询产品的情况、运费及优惠信息等。例如淘宝网使用旺旺联系客服。
>
> 如果仅购买一件产品，在淘宝网、拍拍网等平台，可单击【立刻购买】按钮直接下订单，京东商城、1号店超市等平台则需要先添加到购物车才可提交订单。

2 进行结算

此时，即会提示【添加成功】的信息。如需继续购买商品，关闭该页面，继续将需要买的商品添加至购物车；如购买完毕，单击顶部【购物车】超链接查看购买的商品并进行结算。

4. 提交订单

选择好要购买的商品后，即可提交订单进行支付。

1 单击【结算】按钮

商品挑选完毕后，单击顶部右侧的【购物车】超链接，进入购物车页面，勾选要结算的商品，如需要删除商品，

可单击商品右侧的【删除】按钮，确定无误后，单击【结算】按钮。

2 填写收货地址

如未设置过收货地址，则首次购物时，会弹出【使用新地址】对话框，在文本框中对应填写收货地址信息即可，然后单击【保存】按钮。

3 单击【提交订单】按钮

确认信息无误后，单击【提交订单】按钮。

4 选择付款方式

转到支付宝付款界面，在页面中选择付款的方式，如果选用账号余额支付，在密码输入框中输入支付密码，单击【确定付款】按钮即可。如果选用其他储蓄卡或信用卡方式，可单击 ＋ 银行卡 按钮，根据提示添加银行卡即可。

📢 提示

不管使用支付宝余额还是银行支付都需要提前开通支付宝业务。支付宝业务可使用邮箱或手机号进行注册并与淘宝账号绑定，是第三方支付平台，使用方便快捷，购买淘宝网商品都需要它担保交易，保障消费者的权益。如果收到货物没问题，支付宝会将交易款项打给卖家。如果有问题，买家可以和卖家协商退换货，或者使用消费维权。另外，与此相似的还有拍拍网的财付通等。

5 查看已买到宝贝

如填写支付密码无误，成功支付后，系统会提示成功付款信息。单击【查看已买到宝贝】超链接，可查看已购买商品的信息。

6 单击【退款／退货】超链接

在【已买到的宝贝】页面，可以看到显示的已付款的信息，此时即可等待买家发货。如果对于购买的宝贝不满意或不想要了，可单击【退款／退货】超链接。

> **提示**
> 用户也可单击网页顶部【我的淘宝】超链接，在弹出的菜单中，选择【已买到的宝贝】超链接，进入该页面。

7 填写退款说明

进入申请退款页面，在【退款原因】项中，单击下拉按钮，选择退款原因，在退款说明上可选择性地填写退款说明，并单击【提交退款申请】按钮。

8 提交申请

提交申请后，即可提示等待卖家处理，此时，可以联系卖家旺旺告之退款理由，方便快速退款。

5. 收货／评价

确认收货是在确认商品没问题后，同意把交易款项支付给卖家；如果没有收到货物或货物有问题请不要进行任何操作，因此要特别注意。下面以淘宝网为例，介绍如何确认收货及进行商品评价。

1 单击【确认收货】按钮

如果收到卖家发的商品，且确认没有问题，可进入并登录淘宝网，单击顶部【我的淘宝】>【已买到的宝贝】超链接，进入该页面。在需确定收货的商品右侧，单击【确认收货】按钮。

☑ 输入支付密码

跳转至确认收货页面，在该页面输入支付密码，并单击【确认】按钮。

③ 打款给卖家

在弹出的【来自网页的消息】对话框中，单击【确定】按钮，即会将交易款项打给卖家，如不确定，请单击【取消】按钮。

④ 进行评价

交易成功后，可发起对卖家的评价。在交易成功页面，单击右侧的下拉滑块，拖曳鼠标到页面底部，即可对产品进行评价。用户可以根据自己的购买体验对卖家提出中肯的评价。

商品交易都有固定的交易时长，如果买家在交易时间内未对交易作出任何操作。交易超时后，淘宝网会将款项自动打给卖家。例如淘宝虚拟交易时间为 3 天，实物交易时间为 10 天，其他网站各不相同，可在交易详情页面查看。如果需要退换货，可自行延长收货时间或联系卖家延长时间，以保护自己的权益。

如买家在规定时间内未对卖家做出评价，系统将默认好评。如淘宝网评论时间为确认交易后 15 天。

9.4 实战——网上购买火车票

本节视频教学时间 / 4 分钟

用户可以根据行程，提前在网上购买火车票，这样可以减少排队购买的时间。购买后，可凭借身份证或取票密码到火车站窗口、自助取票机等，取得纸质车票。本节讲述如何在网上购买火车票。

1 设置信息

进入"中国铁路客户服务中心服务网"网站，设置【出发地】、【到达地】和【出发日期】信息，然后单击【查询】按钮。

2 选择车次

此时，即可搜索到相关的车次信息，也可以选择【车次类型】、【出发车站】及【发车时间】等，选择要购买的车次，单击【预订】按钮。

3 输入登录名和密码

弹出【请登录】对话框，输入登录名和密码，并单击图片中的验证码，单击【立即登录】按钮。

📢 提示

如无该网站账户，可单击【快速注册】超链接，注册购票账号。

4 提交订单

选择乘客信息和席别，然后单击【提交订单】按钮。

📢 提示

如果要添加新联系人（乘车人），可单击【新增乘客】超链接，在弹出的【新增乘客】对话框中，增加常用联系人。

5 核对信息

弹出【请核对以下信息】对话框，车次信息无误后，单击【确认】按钮。

6 进行支付

进入【订单信息】页面，即可看到车厢和座位信息，确定无误后，单击【网上支付】按钮，然后选择支付方式进行支付即可。

> 📢 提示
>
> 需要在 30 分钟内容完成支付，否则订单将被取消。

支付完成后，即可提示"交易已成功"，用户届时即可拿着身份证去换取纸质车票。另外，单击【查看车票详情】按钮，查看已完成订单，也可对未出行订单进行改签、变更到站和退票等操作。

 高手私房菜

技巧 1：删除上网记录

浏览器在上网时会保存很多的上网记录，这些上网记录不但随着时间的增加越来越多，而且还有可能泄露用户的隐私信息。如果不想让别人看见自己的上网记录，则可以把上网记录删除。具体的操作步骤如下。

1 进入设置菜单	**2 勾选要删除的内容**
打开 Microsoft Edge 浏览器，选择【设置及其他】▶【设置】命令，进入设置菜单，单击【选择要清除的内容】按钮。	弹出【清除浏览数据】对话框，勾选想要删除的内容的复选框，单击【清除】按钮，即可删除浏览的历史记录。

技巧 2：认识网购交易中的卖家骗术

随着网络交易的增多，网络诈骗频频发生。骗子卖家利用买家喜欢物美价廉的商品的心理，发布一些价格特别低的商品，比较常见的有虚拟充值卡、手机和数码相机等。

骗子卖家常会采用以下几种手段欺骗买家。

（1）等到买家拍下商品并付款后，骗子卖家会以各种理由使买家尽快确认收货。此时，买家千万不能听信骗子卖家的花言巧语，一定要等到收到货后再进行确认。

（2）骗子卖家以各种手段引诱买家使用银行汇款。这里需要注意的是，买家一定要使用支付宝交易，以防上当。

（3）骗子卖家声称支持支付宝，引诱买家使用支付宝即时到账功能进行支付。对不认识的卖家，买家应谨慎使用这种功能。

第 10 章

在网上与亲友聊天

本章视频教学时间 / 25 分钟

 重点导读

当前，网络已成为人们交流的主要媒介之一。无论是工作、学习还是生活，利用聊天软件，都可以简单、高效地实现信息传递。

学习效果图

10.1 聊 QQ

本节视频教学时间 / 7 分钟

腾讯 QQ 软件不仅支持显示朋友在线信息、即时传送信息、即时交谈、即时传输文件，而且还具有发送离线文件、超级文件、聊天室、共享文件、QQ 邮箱、游戏、网络收藏夹和发送贺卡等功能。

10.1.1 申请 QQ 账号

在使用 QQ 聊天之前，需要注册 QQ 账号。

1 注册账号

下载并安装 QQ，安装完成后，双击桌面上的 QQ 快捷图标，打开【腾讯QQ】登录界面，单击【注册账号】超链接。

2 输入信息

系统自动打开 IE 浏览器，并进入"欢迎注册 QQ"页面，在其中输入注册账号的昵称、密码、手机号码信息，并单击【发送短信验证码】按钮。

3 输入验证码

手机收到短信验证码后，输入文本框中，并单击【立即注册】按钮。

4 申请成功

申请成功后，即可得到一个 QQ 号码，如下图所示。

10.1.2 登录 QQ

申请完 QQ 账号，用户即可登录自己的 QQ。

<table>
<tr><td>1 输入账号及密码</td><td>2 登录 QQ</td></tr>
</table>

1 输入账号及密码

打开 QQ 登录界面，输入申请的 QQ 账号及密码，并单击【登录】按钮。

🔊 **提示**

勾选【记住密码】复选框，在下次登录的时候就不需要再输入密码，不过不建议在陌生人电脑中勾选该项。勾选【自动登录】复选框，在下次启动 QQ 软件时，会自动登录这个 QQ 账号。

2 登录 QQ

验证信息成功后，登录 QQ 的主界面。

QQ 的主界面

10.1.3 添加 QQ 好友

首次登录的 QQ 号是没有好友的，需要添加好友并且得到对方同意之后，才可以开始与好友交流。

1 单击【加好友】按钮

在 QQ 的主界面中，单击【加好友】按钮 ⚲₊。

2 输入账号

弹出【查找】对话框，选择【找人】选项卡，在搜索文本框中输入账号或昵称，单击【查找】按钮，在【查找联系人】对话框下方将显示查询结果，单击右侧的【添加好友】按钮 ＋好友 。

3 输入验证信息

弹出添加好友对话框，输入验证信息，单击【下一步】按钮。

4 选择好友分组

在打开的窗口中单击【分组】文本框右侧的下拉按钮，在弹出的下拉列表中选择好友的分组。单击【下一步】按钮。

5 发送添加请求

好友添加请求将会自动发送，单击【完成】按钮。

6 单击"验证消息"图标

此时，对方 QQ 的任务栏中"验证消息"图标会不停跳动，单击该图标。

7 单击【同意】按钮

弹出【验证消息】对话框，在【好友验证】列表中，单击【同意】按钮。

8 打开聊天界面

好友接受请求后系统将会给出提示，打开聊天界面，此时可发送消息开始聊天。

10.1.4 与好友聊天

好友添加完成后，用户即可与之聊天。

1. 发送文字消息

收 / 发信息是 QQ 最常用和最重要的功能，实现信息收 / 发的前提是用户拥有一个自己的 QQ 号和至少一个发送对象（即 QQ 好友）。

用户可以双击好友头像，打开即时聊天窗口，并输入发送的文字信息，单击【发送】按钮即可。

2. 发送表情

发送表情的具体操作步骤如下。

① 选择表情

在即时聊天窗口中单击【选择表情】按钮，弹出系统默认表情库，单击选择需要发送的表情，如下图所示的微笑图标。

② 发送表情

单击【发送】按钮，即可发送表情。

3. 发送图片

在 QQ 上，我们可以将电脑或相册中的图片分享给朋友，发送图片的具体步骤如下。

① 单击【发送图片】按钮

在即时聊天窗口中单击【发送图片】按钮 。

② 选择图片

此时，即可打开【打开】对话框，选择图片后，单击【发送】按钮即可。

10.1.5 语音和视频聊天

QQ 软件不仅可以使用户通过手动输入文字和图像的方式与好友进行交流，还可以通过语音与视频进行沟通。

1. 语音聊天

在双方都安装了声卡及其驱动程序，并配备音箱或者耳机、话筒的情况下，才可以进行语音聊天。语音聊天的具体操作步骤如下。

1 发起语音通话

双击要进行语音聊天的 QQ 好友头像，在聊天窗口中单击【发起语音通话】按钮 。

2 进行通话

软件即可向对方发送语音聊天请求。如果对方同意语音聊天，会提示已经和

对方建立了连接，此时用户可以调整麦克风和扬声器的音量大小，并进行通话。单击【挂断】按钮可结束语音聊天。

2. 视频聊天

在双方安装好摄像头的情况下，就可以进行视频聊天了。视频聊天的具体操作步骤如下。

1 发起视频通话

双击要进行视频聊天的 QQ 好友头像，在打开的聊天窗口中单击【发起视频通话】按钮 。

2 发送视频聊天请求

软件即可向对方发送视频聊天请求。如果对方同意视频聊天，会提示已经和

对方建立了连接，并显示出对方的头像。如果没有安装好摄像头，则不会显示任何信息，但可以进行语音聊天。

10.1.6 使用 QQ 发送文件

使用 QQ 可以给对方传送文件，可以使用在线传送，也可以使用离线传送。

在线发送文件，主要是在双方都在线的情况下，对文件进行实时发送和接收。

1 拖曳文件到信息输入框

打开聊天对话框，将要发送的文件拖曳到信息输入框中。

2 等待对方接收

单击【发送】按钮，即可看到文件

显示在发送列表中，等待对方的接收。

> **提示**
>
> 单击【转离线发送】按钮，即可以离线文件的形式发送给对方，不需要等待对方接收，待对方看到后，可进行接收。

10.2 玩微信

本节视频教学时间 / 6分钟

微信是腾讯公司推出的一款即时聊天工具，可以通过网络发送语音、视频、图片和文字等。除了在手机上玩微信外，也可以使用微信电脑版，在学习、办公方面也可以实现高效的沟通。

微信电脑版和网页版功能基本相同，一个是在客户端中登录，另一个是在网页浏览器中登录。下面介绍微信电脑版的使用步骤。

1 显示二维码验证界面

打开微信网站，下载并安装 Windows 客户端，然后运行软件，显示如下二维码验证界面。

2 选择【扫一扫】选项

在手机版微信中，单击➕按钮，在弹出的菜单中选择【扫一扫】选项。

3 单击【登录】按钮

扫描电脑桌面上的微信二维码，弹出如下页面，提示用户在手机上确认登录，单击【登录】按钮。

4 验证通过

验证通过后，电脑端即可进入微信主界面，如下图所示。

⑤ 单击【发消息】按钮

单击【通讯录】图标 ![icon]，进入通讯录窗口，选择要发送消息的好友，并在右侧好友信息窗口，单击【发消息】按钮。

⑥ 输入要发送的信息

进入即时聊天窗口，在文本框中，输入要发送的信息，单击【发送】按钮或按【Enter】键。

⑦ 发送表情

此时，即可发送消息，与好友聊天了，另外也可以单击窗口中的【表情】按钮，发送表情，还可以发送文件、截图等，与 QQ 用法相似。

⑧ 单击【退出微信】

如果要退出微信，在任务栏中，右键单击【微信】图标 ![icon]，在弹出的菜单中，单击【退出微信】即可退出。

10.3 刷微博

本节视频教学时间 / 4 分钟

如果说博客相当于日记本，那么微博就相当于便利贴。用户可以通过 Web、WAP 以及各种客户端组件编辑 140 字以内的文字来发表日常信息。使用微博可以用一句话随时随地记录生活，分享新鲜事。

下面以新浪微博为例，介绍如何刷微博。

10.3.1　发布微博

在开通了自己的微博之后，就可以在微博之中发表微博言论了。在新浪微博之中发表自己的言论的具体操作步骤如下。

1 输入新鲜事

登录自己的微博页面，在【有什么新鲜事想告诉大家？】文本框中输入自己的新鲜事，如最近的心情、遇到的好笑的事情等，单击【发布】按钮。

2 显示发布的言论

在【我的微博】主页下方显示出发布的言论。

> **提示**
>
> 用户也可以按键盘上的【N】键，弹出【发布】对话框，在文本框中输入想要说的话，单击【发布】按钮，即可发布微博。

10.3.2 添加关注

在微博开通之后，可以添加自己想要关注的人，具体的操作步骤如下。

1 单击【搜索】按钮

打开新浪微博首页，单击顶部的【搜索】按钮。

2 单击【加关注】按钮

在打开的搜索页面，将要添加为关注的人的昵称或微博账号输入文本框中。这里输入"龙马数码"，并单击【找人】链接。在搜索的列表中，在需要关注的账号后面，单击【加关注】按钮即可添加。

10.3.3 转发并评论

用户可以对自己感兴趣的微博发表评论及转发，具体操作步骤如下。

1 单击【转发】超链接

选择要转发的微博，单击微博内容下面的【转发】超链接。

2 输入要评论的内容

弹出【转发微博】对话框，在文本框中输入要评论的内容，然后单击【转发】按钮。

3 查看内容

此时即可看到微博首页下所转发的微博内容。

10.3.4 发起话题

用户也可以在微博中发起话题与好友一起讨论，具体操作步骤如下。

1 单击【话题】链接

登录自己的微博页面，在【有什么新鲜事想告诉大家？】文本框下面单击【话题】链接。

2 单击【插入话题】按钮

在弹出的信息框中单击【插入话题】按钮。

3 单击【发布】按钮

在【有什么新鲜事想告诉大家？】文本框中的两个"#XXXX#"符号之间输入想要说的话题，单击【发布】按钮即可完成话题的发布。

技巧 1：一键锁定 QQ 保护隐私

在自己离开电脑时，如果担心别人看到自己的 QQ 聊天信息，除了可以关闭 QQ 外，可以将其锁定，防止别人窥探 QQ 聊天记录，下面就介绍下操作方法。

1 锁定 QQ

打开 QQ 界面，按【Ctrl+Alt+L】组合键，弹出系统提示框，选择锁定 QQ 的方式，可以选择 QQ 密码解锁，也可以选择输入独立密码，选择后，单击【确定】按钮，即可锁定 QQ。

2 输入解锁密码

在 QQ 锁定状态下，将不会弹出新消息，用户单击【解锁】图标或按【Ctrl+Alt+L】组合键进行解锁，在密码框中输入解锁密码，按【Enter】键即可解锁。

技巧 2：备份/还原 QQ 聊天记录

QQ 是最为常用的聊天工具，而 QQ 资料则是极为重要的数据，如用户信息、聊天资料和系统消息等，用户可以将其导入到电脑中进行备份，可以在 QQ 资料因软件卸载、系统重装等丢失时，重新导入到 QQ 中即可恢复历史聊天记录。

❶ 单击【消息管理】选项

打开登录到个人 QQ 主界面，单击顶部的【主菜单】按钮 ≡，在弹出的列表中，单击【消息管理】选项。

❸ 保存文件

在弹出的【另存为】对话框中，选择要保存的路径及设置文件名等，然后单击【保存】按钮，即可保存至电脑中，打开选择的路径，可以看到保存的文件。

❷ 导出全部消息记录

弹出【消息管理器】对话框，单击右上角的【工具】按钮 ▾，在弹出的菜单命令中，选择【导出全部消息记录】命令。

如果要恢复聊天记录，打开【消息管理器】对话框，单击右上角的【工具】按钮 ▾，在弹出的菜单命令中，选择【导入消息记录】命令。根据提示进行导入操作，选择备份的文件，然后单击【导入】按钮，即可将消息记录导入 QQ 中。

第 11 章

使用 Word 2019 制作文档

本章视频教学时间 / 1 小时 22 分钟

🎧 重点导读

Word 是最常用的办公软件之一，也是目前广泛使用的文字处理软件，可以用于方便地完成各种办公文档的制作、编辑以及排版等。

📖 学习效果图

11.1 实战——制作公司内部通知

本节视频教学时间 / 8 分钟

通知是在学校、单位等公共场所经常可以看到的一种知照性公文。公司内部通知是一项仅限于公司内部人员知道或遵守的，为实现某一项活动或决策制定的说明性文件，常用的通知有会议通知、比赛通知、放假通知、任免通知等。

11.1.1 创建并保存 Word 文档

在制作公司内部通知前，首先需要创建一个 Word 文档，具体操作步骤如下。

1 新建空白文档

在打开的 Word 文档中选择【文件】选项卡，在其列表中选择【新建】选项，在【新建】区域单击【空白文档】选项，即可新建空白文档。

2 单击【浏览】选项

创建空白文档后，按【Ctrl+S】组合键，进入【另存为】界面，单击【浏览】选项。

3 选择保存路径

弹出【另存为】对话框，选择要保存的路径，在【文件名】文本框上，输入"公司内部通知"，并单击【保存】按钮。

4 返回文档工作界面

返回 Word 文档工作界面，即被保存为"公司内部通知"。

11.1.2 设置文本字体

字体外观的设置，直接影响到文本内容的阅读效果，美观大方的文本样式可以给人以简洁、清新、赏心悦目的阅读感觉。

1 复制内容

打开"素材\ch11\公司内部通知.txt"文件，将内容全部复制到新建的文档中。

2 设置字体

选择"公司内部通知"文本，在【开始】选项卡下【字体】选项组中分别设【字体】为"华文楷体"，【字号】为"二号"，并设置其"加粗"和"居中"显示。

3 设置字体

使用同样方式分别设置"细则"和"责任"，【字体】为"华文楷体"，【字号】为"小三"，并设置其"加粗"和"居中"显示。

11.1.3 设置文本段落缩进和间距

段落样式是指以段落为单位所进行的格式设置。本节主要来讲解段落的对齐方式、段落的缩进、行间距及段落间距等。

1 进行设置

选择正文第一段内容，单击【开始】选项卡下【段落】选项组中的【段落设置】按钮，弹出【段落】对话框。分别设置【特殊格式】为"首行缩进"，【缩进值】为"2 字符"，【行距】为"1.5 倍行距"，单击【确定】按钮。

2 最终效果

使用同样的方法设置其他段落，最终效果如下图所示。

11.1.4 添加边框和底纹

边框是指在一组字符或句子周围应用边框；底纹是指为所选文本添加底纹背景。在文档中，为选定的字符、段落、页面以及图形设置各种颜色的边框和底纹，从而达到美化文档的效果。具体操作步骤如下。

1 选择【边框和底纹】选项

按【Ctrl+A】组合键，选中所有文本，单击【开始】选项卡下【段落】选项组中【边框】按钮田·右侧的下拉按钮，在弹出的下拉列表中选择【边框和底纹】选项。

2 设置边框和底纹

弹出【边框和底纹】对话框，在【设置】列表中选择【阴影】选项，在【样式】列表中选择一种线条样式，在【颜色】列表中选择【浅蓝】选项，在【宽度】列表中选择【1.5磅】选项。

3 选择【底纹】选项卡

选择【底纹】选项卡，在【填充】颜色下拉列表中选择【金色，个性色 4，淡色 80%】选项，单击【确定】按钮。

4 保存该文档

最终结果如下图所示，按【Ctrl+S】组合键保存该文档即可。

11.2 实战——制作公司宣传彩页

本节视频教学时间 / 25 分钟

宣传彩页要根据公司的性质确定主题色调和整体风格，这样更能突出主题，吸引消费者。

11.2.1 设置页边距

页边距有两个作用：一是便于装订；二是可形成更加美观的文档。设置页边距，包括上、下、左、右边距以及页眉和页脚距页边界的距离，使用该功能来设置页边距十分精确。

1 新建空白文档

新建空白 Word 文档，并将其另存为"公司宣传彩页 .docx"。

2 选择页边距样式

单击【布局】选项卡下【页面设置】组中的【页边距】按钮，在弹出的下拉列表中选择一种页边距样式，即可快速设置页边距。如果要自定义页边距，可在弹出的下拉列表中单击选择【自定义边距（A）】选项。

3 设置页边距

弹出【页面设置】对话框，在【页边距】选项卡下【页边距】区域可以自定义设置"上""下""左""右"页边距，如将【上】【下】边距设置为"1.5厘米"。【左】【右】页边距设为"1.8厘米"，在【预览】区域可以查看设置后的效果。单击【确定】按钮。

4 页面效果

此时，即可看到设置页边距后的页面效果。

11.2.2 设置纸张的方向和大小

纸张的大小和方向，也影响着文档的打印效果，因此设置合适的纸张在 Word 文档制作过程中也是非常重要的。设置纸张包括设置纸张的方向和大小，具体操作步骤如下。

1 单击【横向】选项

单击【布局】选项卡下【页面设置】组中的【纸张方向】按钮，在弹出的下拉列表中可以设置纸张方向为"横向"或"纵向"，如单击【横向】选项。

用户也可以在【页面设置】对话框【页边距】选项卡下的【纸张方向】区域设置纸张的方向。

2 单击【纸张大小】按钮

单击【布局】选项卡【页面设置】选项组中的【纸张大小】按钮，在弹出的下拉列表中可以选择纸张大小。如果要设置其他纸张大小，则可选择【其他纸张大小】选项。

3 设置纸张大小

弹出【页面设置】对话框，在【纸张】选项卡下【纸张大小】区域中，设置为"自定义大小"，并将【宽度】设置为"32厘米"，高度设置为"24厘米"，单击【确定】按钮。

4 完成设置

此时，即可完成纸张大小的设置，效果如下图所示。

11.2.3 设置页面背景

在 Word 2019 中可以通过设置页面颜色来设置文档的背景，使文档更加美观。如设置纯色背景填充、填充效果、水印填充及图片填充等。

1. 纯色背景

本节介绍使用纯色背景填充文档的方法，具体操作步骤如下。

1 选择背景颜色

单击【设计】选项卡下【页面背景】选项组中的【页面颜色】按钮，在下拉列表中选择背景颜色，如这里选择"浅蓝"。

2 填充颜色

此时将页面颜色填充为浅蓝色。

2.填充背景

除了使用纯色填充以外，我们还可使用填充效果来填充文档的背景，包括渐变填充、纹理填充、图案填充和图片填充等。具体操作步骤如下。

1 选择【填充效果】选项

单击【设计】选项卡下【页面背景】选项组中的【页面颜色】按钮 ，在弹出的下拉列表中选择【填充效果】选项。

2 设置填充效果

弹出【填充效果】对话框，单击选中【双色】单选项，分别设置右侧的【颜色1】和【颜色2】的颜色。

3 选中【角部辐射】单选项

在下方的【底纹样式】组中，单击选中【角部辐射】单选项，然后单击【确定】按钮。

4 填充后的效果

此时，即可看到设置渐变填充后的效果，如下图所示。

> **📢 提示**
> 纹理填充、图案填充和图片填充的操作类似，这里不再赘述。

11.2.4 使用艺术字美化宣传彩页

艺术字，是具有特殊效果的字体。艺术字不是普通的文字，而是图形对象，用户可以像处理其他图形那样对其进行处理。利用 Word 2019 提供的插入艺术字功能，不仅可以制作出美观的艺术字，而且操作非常简单。

创建艺术字的具体操作步骤如下。

1 选择艺术字样式

单击【插入】选项卡下【文本】组中的【艺术字】按钮 艺术字，在弹出的下拉列表中选择一种艺术字样式。

2 插入文本框

在文档中插入"请在此放置您的文字"艺术字文本框。

3 输入文本

在艺术字文本框中输入"龙马电器销售公司"文本，即可完成艺术字的创建。

4 调整文本框的位置

将鼠标光标放置在艺术字文本框上，按住鼠标左键并拖曳文本框，将艺术字文本框的位置调整至页面中间。

11.2.5 插入图片

图片可以使文档更加生动形象，插入的图片可以是一个剪贴画、一张照片或一幅图画。在 Word 2019 中，用户可以在文档中插入本地图片，还可以插入联机图片。在 Word 中插入保存在电脑硬盘中的图片，其具体操作步骤如下。

1 调整正文的字体

打开"素材 \ch11\ 公司宣传彩页文本 .docx"文件，将其中的内容粘贴至"公司宣传彩页 .docx"文档中，并根据需要调整正文的字体、段落格式。

2 单击【图片】按钮

将鼠标光标定位于要插入的图片位置，单击【插入】选项卡下【插图】选项组中的【图片】按钮。

3 选择图片

在弹出的【插入图片】对话框中选择需要插入"素材 \ch11\01.jpg"的图片，单击【插入】按钮。

4 插入图片

此时，在 Word 文档中鼠标光标所在的位置就插入了所选择的图片。

> **提示**
> 单击【插入】选项卡下【插图】选项组中的【联机图片】按钮，可以在打开的【插入图片】对话框中搜索联机图片并将其插入 Word 文档中。

11.2.6 设置图片的格式

图片在插入 Word 文档中之后，图片的设置不一定符合要求，这时就需要对图片进行适当的调整。

1. 调整图片的大小与位置

插入图片后可以根据需要调整图片的大小及位置，具体操作步骤如下。

1 调整图片

选择插入的图片，将鼠标光标放在图片四个角的控制点上，当鼠标光标变为 ↖ 形状或 ↗ 形状时，按住鼠标左键并拖曳鼠标，调整图片的大小，效果如下图所示。

> **📢 提示**
> 在【图片工具】➤【格式】选项卡下的【大小】组中可以精确调整图片的大小。

2 调整图片的大小

将鼠标定位至该图片后面，插入"素材 \ch11\02.jpg"的图片，并根据步骤 1 所述的方法，调整图片的大小。

3 设置为居中位置

选择插入的图片，将其设置为居中位置。

4 留出空白

在图片中间可以使用【空格】键的方式，使两张图片间留有空白。

2. 美化图片

插入图片后，还可以调整图片的颜色、设置艺术效果、修改图片的样式，使图片更美观。美化图片的具体操作步骤如下。

1 选择图片样式

选择要编辑的图片，单击【图片工具】➤【格式】选项卡下【图片样式】组中【其他】按钮，在弹出的下拉图片样式列表中选择任一选项，即可改变图片样式，如这里选择【居中矩形阴影】。

2 应用效果

此时，即可应用图片样式效果，如下图所示。

3 应用效果

使用同样的方法，为第 2 张图片应用【居中矩形阴影】效果。

4 调整图片

此时，可根据情况调整图片的位置及大小，最终效果如下图所示。

11.2.7 插入图标

在 Word 2019 中增加了【图标】功能，用户可以根据需要插入系统中自带的图标。

1 单击【图标】按钮

将光标定位在标题前位置，并单击【插入】选项卡【插图】组中的【图标】按钮。

2 单击【插入】按钮

弹出【插入图标】对话框，可以在左侧选择图标分类，右侧则显示了对应的图标，如这里选择"分析"类别下的图标，然后单击【插入】按钮。

3 插入所选图标

此时，即可在光标位置插入所选图标，如下图所示。

4 调整大小

选择插入的图标，将鼠标光标放置在图标的右下角，光标变为 形状，拖曳鼠标即可调整其大小。

5 浮于文字上方

选择该图标，单击图标右侧显示的【布局选项】按钮，在弹出的列表中，选择【浮于文字上方】布局选项。

6 调整文字缩进

设置图标布局后，根据情况调整文字的缩进，调整后效果如下图所示。

7 设置其他图标

使用同样的方法设置其他标题的图标，效果如下图所示。

8 调整细节

图标设置完成后，即可根据情况调整细节，并保存文档，效果如下图所示。

11.3 实战——排版毕业论文

本节视频教学时间 / 26 分钟

设计毕业论文时需要注意文档中同一类别的文本的格式要统一，层次要有明显的

213

区分，要对同一级别的段落设置相同的大纲级别。此外，某些页面还需要单独显示。下图即为常见的论文结构。

11.3.1 为标题和正文应用样式

排版毕业论文时，通常需要先制作毕业论文首页，然后为标题和正文内容设置并应用样式。

1. 设计毕业论文首页

在制作毕业论文的时候，首先需要为论文添加首页，来描述个人信息。

1 输入信息

打开"素材 \ch11\ 毕业论文 .docx"文档，将鼠标光标定位至文档最前的位置，按【Ctrl+Enter】组合键，插入空白页面。选择新创建的空白页，在其中输入学校信息、个人介绍信息和指导教师姓名等信息。

2 设置格式

分别选择不同的信息，并根据需要为不同的信息设置不同的格式，使所有

的信息占满论文首页。

2. 设计毕业论文格式

毕业论文通常会统一要求格式，需要根据提供的格式统一样式。

1 单击【样式】按钮

选中需要应用样式的文本，或者将插入符移至"前言"文本段落内，然后

单击【开始】选项卡的【样式】组中的【样式】按钮，弹出【样式】窗格。

2 设置字体样式

单击【新建样式】按钮，弹出【根据格式化创建新样式】窗口，在【名称】文本框中输入新建样式的名称，例如输入"论文标题1"，在【格式】区域分别根据规定设置字体样式。

3 设置大纲级别

单击左下角的【格式】按钮，在弹出的下拉列表中选择【段落】选项，即可打开【段落】对话框，根据要求设置段落样式，在【缩进和间距】选项卡下的【常规】组中单击【大纲级别】文本框后的下拉按钮，在弹出的下拉列表中选择【1级】选项，单击【确定】按钮。

4 浏览效果

返回【根据格式化创建新样式】对话框，在中间区域浏览效果，单击【确定】按钮。

5 显示设置后的效果

在【样式】窗格中可以看到创建的新样式，在 Word 文档中显示设置后的效果。

使用同样的方法为其他标题及正文设计样式。最终效果如下图所示。

⑥ 最终效果

选择其他需要应用该样式的段落，单击【样式】窗格中的【论文标题 1】样式，即可将该样式应用到新选择的段落。

11.3.2 使用格式刷

在编辑长文档时，还可以使用格式刷快速应用样式。具体操作步骤如下。

① 设置字体

选择参考文献下的第一行文本，设置其【字体】为"楷体"，【字号】为"12"，效果如下图所示。

② 单击【格式刷】按钮

然后选择设置后的第一行文本，单击【开始】选项卡下【剪贴板】组中的【格式刷】按钮。

📣 提示

单击【格式刷】按钮，可执行一次格式复制操作。如果 Word 文档中需要复制大量格式，则需双击该按钮，鼠标光标则永远出现一个小刷子，若要取消操作，可再次单击【格式刷】按钮，或按【Esc】键。

③ 选择段落

鼠标光标将变为样式，选择其他要应用该样式的段落。

④ 应用样式

将该样式应用至其他段落中，效果如下图所示。

11.3.3 插入分页符

在排版毕业论文时，有些内容需要另起一页显示，如前言、内容提要、结束语、致谢词、参考文献等。可以通过插入分页符的方法实现，具体操作步骤如下。

1 放置鼠标

将鼠标光标放在"参考文献"文本前。

2 选择【分页符】选项

单击【布局】选项卡下【页面设置】组中【插入分页符和分节符】按钮的下拉按钮，在弹出的下拉列表中选择【分页符】▶【分页符】选项。

3 另起一页显示

将"结束语"及其下方的内容另起一页显示。

4 另起一页显示

使用同样的方法，为其他需要另起一页显示的内容另起一页显示。

11.3.4 为论文设置页眉和页码

在毕业论文中可能需要插入页眉，使文档看起来更美观。如果要提取目录，还需要在文档中插入页码。为论文设置页眉和页码的具体操作步骤如下。

1 选择【空白】页眉样式

单击【插入】选项卡【页眉和页脚】组中的【页眉】按钮，在弹出【页眉】下拉列表中选择【空白】页眉样式。

2 选择复选框

在【设计】选项卡的【选项】选项组中勾选【首页不同】和【奇偶页不同】复选框。

3 输入内容

在奇数页页眉中输入内容，并根据需要设置字体样式。

4 设置字体样式

创建偶数页页眉，并设置字体样式。

5 选择页码格式

单击【设计】选项卡下【页眉和页脚】选项组中的【页码】按钮，在弹出的下拉列表中选择一种页码格式。

6 单击【关闭页眉和页脚】按钮

此时，即可在页面底端插入页码，单击【关闭页眉和页脚】按钮。

11.3.5 插入并编辑目录

格式设置完后，即可提取目录，具体步骤如下。

1 设置字头样式

将鼠标光标定位至文档第 2 页页面最前的位置，单击【布局】➤【页面设置】➤【分隔符】按钮，在弹出的列表中选择【分节符】➤【下一页】选项。添加一个空白页，在空白页中输入"目录"文本，并根据需要设置字头样式。

2 选择【自定义目录】选项

单击【引用】选项卡中【目录】组中的【目录】按钮，在弹出的下拉列表中选择【自定义目录】选项。

3 设置目录

在弹出的【目录】对话框中，在【格式】下拉列表中选择【正式】选项，在【显

示级别】微调框中输入或者选择显示级别为"3"，在预览区域可以看到设置后的效果，各选项设置完成后，单击【确定】按钮。

4 建立目录

此时，就会在指定的位置建立目录。

5 设置目录字体格式

选择目录文本，根据需要设置目录的字体格式，效果如下图所示。

设置字体格式

⑥ 完成操作

至此，就完成了排版毕业论文的操作。

11.4 实战——递交准确的年度报告

本节视频教学时间 / 19 分钟 🎬

年度报告是整个公司会计年度的财务报告及其他相关文件，也可以是公司一年历程的简单总结，如向公司员工介绍公司一年的经营状况、举办的活动、制度的改革以及企业的文化发展等内容，以激发员工工作热情、增进员工与领导之间的交流、利于公司的良性发展。根据实际情况的不同，每个公司年度报告也不相同，但是对于年度报告的制作者来说，递交的年度报告必须是准确无误的。

11.4.1 像翻书一样"翻页"查看报告

在 Word 2019 中，默认是"垂直"的阅读模式，尤其是在阅读长文档时，如果使用鼠标拖曳滑块进行浏览，难免会效率低下。为了更好地阅读，可以使用"翻页"模式进行查看。

1 单击【翻页】按钮

打开"素材 \ch11\ 公司年中工作报告 .docx"素材文件，单击【视图】选项卡下【页面移动】组中的【翻页】按钮 。

单击

2 进入【翻页】阅读模式

此时，即可进入【翻页】阅读模式，看到如下效果。

3 向下翻页

按【Page Down】键或向下滚动一次鼠标滑轮即可向下翻页，如下图所示。

提示

要向上翻页，则可以按【Page UP】键。

4 退出【翻页】模式

当单击【垂直】按钮，即会退出【翻页】模式。

11.4.2 在沉浸模式下阅读报告

在 Word 2019 中，新增加了沉浸式学习功能，用户在该模式下，可以提高阅读体验。

1 单击【学习工具】按钮

单击【视图】选项卡下【沉浸式】组中的【学习工具】按钮。

2 单击【文字间距】按钮

此时，即可进入沉浸式学习工具页面。用户可以单击【文字间距】按钮，增加文字间的距离，同时还会增加行宽，以方便查看文字。

3 显示朗读的控制栏

单击【朗读】按钮，可以朗读文档的内容，此时在文档的右上角会显示朗读的控制栏，单击【设置】 按钮。

4 调整阅读速度

在弹出的下拉菜单中，可以拖曳滑块调整阅读速度，也可以对阅读语音进行选择。单击【关闭学习工具】按钮，即可退出。

11.4.3 删除与修改错误的文本

删除错误的文本内容并修改为正确的文本内容，是文档编辑过程中的常用操作。删除文本的方法有多种。

在键盘中有两个删除键，分别为【Backspace】键和【Delete】键。【Backspace】键是退格键，它的作用是使光标左移一格，同时删除光标左边位置上的字符或删除选中的内容。【Delete】键是删除光标右侧的一个文字或选中的内容。

1. 使用【Backspace】键删除文本

将鼠标光标定位至要删除文本的后方或者选中要删除的文本，按键盘上的【Backspace】键即可退格将其删除。

删除与修改错误文本的具体操作步骤如下。

2. 使用【Delete】键删除文本

当输入错误时，选中错误的文本，然后按键盘上的【Delete】键即可将其删除。或将鼠标光标定位在要删除的文本内容前面，按【Delete】键即可将错误的文本删除。

1 选择文本内容

将视图切换至页面视图，选择错误的或要删除的文本内容。

2 输入正确的内容

按【Delete】键即可将其删除，然后直接输入正确的内容即可。

11.4.4 查找与替换文本

查找功能可以帮助读者定位所需内容，用户也可以使用替换功能将查找到的文本或文本格式替换为新的文本或文本格式。

1.查找

查找功能可以帮助用户定位到目标位置以便快速找到想要的信息，查找分为查找和高级查找两种。

（1）查找

1 选择【查找】命令

在打开的素材文件中，单击【开始】选项卡下【编辑】组中的【查找】按钮 🔍 查找 ▾ 右侧的下拉按钮，在弹出的下拉菜单中选择【查找】命令。

> **📢 提示**
> 用户也可以按【Ctrl+F】组合键，也可以执行"查找"命令。

2 以黄色背景显示

在 Word 文档的左侧打开【导航】任务窗格，在下方的文本框中输入要查找的内容，这里输入"公司"，此时在文本框的下方提示"29 个结果"，并且在 Word 文档中查找到的内容都会以黄色背景显示。

3 单击【下一条】按钮

单击任务窗格中的【下一条】按钮 🔽，定位至第 2 个匹配项。每次单击【下一条】按钮，都可快速查找到下一条符合的匹配项。

（2）高级查找

使用【高级查找】命令可以打开【查找和替换】对话框来查找内容。

单击【开始】选项卡下【编辑】组中的【查找】按钮 🔍 查找 ▾ 右侧的下拉按钮，在弹出的下拉菜单中选择【高级查找】命令，弹出【查找和替换】对话框。

223

2. 替换

替换功能可以帮助用户快捷地更改查找到的文本或批量修改相同的内容。

1 单击【查找】按钮

在打开的素材文件中，单击【开始】选项卡下【编辑】组中的【查找】按钮 $^{abc}_{ac}$替换 或按【Ctrl+H】组合键，弹出【查找和替换】对话框。

2 输入内容

在【替换】选项卡中的【查找内容】文本框中输入需要被替换的内容（这里输入"完善"），在【替换为】文本框中输入替换后的新内容（这里输入"改善"）。

3 单击【替换】按钮

单击【查找下一处】按钮，定位到从当前光标所在位置起，第一个满足查找条件的文本位置，并以灰色背景显示，单击【替换】按钮就可以将查找到的内容替换为新的内容，并跳转至第二个查找内容。

4 全部替换

如果用户需要将 Word 文档中所有相同的内容都替换掉，单击【全部替换】按钮，Word 就会自动将整个文档内所有查找到的内容替换为新的内容，并弹出相应的提示框显示完成替换的数量。单击【确定】按钮关闭提示框。

11.4.5 添加批注和修订

使用批注和修订可以方便文档制作者对文档进行修改，避免错误，从而使制作的文档更专业。

1. 批注文档

批注是文档的审阅者为文档添加的注释、说明、建议和意见等信息。在把文档分发给审阅者前设置文档保护，可以使审阅者只能添加批注而不能对文档正文进行修改，利用批注可以方便工作组的成员之间进行交流。

（1）添加批注

批注也是对文档的特殊说明，添加批注的对象可以是文本、表格或图片等文档内的所有内容。Word 2019 将以有颜色的括号将批注的内容括起来，背景色也将变为相同的颜色。默认情况下，批注显示在文档页边距外的标记区，批注与被批注的文本使用与批注相同颜色的虚线连接。添加批注的具体操作步骤如下。

1 单击【新建批注】按钮

在打开的素材文件中选择要添加批注的文本，单击【审阅】选项卡【批注】组中的【新建批注】按钮。

2 输入批注内容

显示批注框，在后方的批注框中输入批注的内容即可。单击【答复】按钮，可以答复批注；单击【解决】按钮以显示批注完成。

提示

选择要添加批注的文本并单击鼠标右键，在弹出的快捷菜单中选择【新建批注】选项也可以快速添加批注。此外，还可以将【插入批注】按钮添加至快速访问工具栏。

（2）编辑批注

如果对批注的内容不满意，可以直接单击需要修改的批注，即可进入编辑状态，编辑批注。

（3）删除批注

当不需要文档中的批注时，用户可以将其删除，删除批注常用的方法有两种。

方法 1：选中要删除的批注，此时【审阅】选项卡下【批注】组的【删除】按钮处于可用状态，单击该按钮即可将选中的批注删除。删除之后，【删除】按钮处于不可用状态。

提示

单击【批注】组中的【上一条】按钮和【下一条】按钮可快速地找到要删除的批注。

方法 2：在需要删除的批注或批注文本上单击鼠标右键，在弹出的快捷菜单中选择【删除批注】菜单命令也可删除选中的批注。

方法 3：如果要删除所有批注，可以单击【审阅】选项卡下【修订】组中的【删除】按钮下方的下拉按钮，在弹出的快捷菜单中选择【删除文档中的所有批注】命令，即可删除所有的批注。

2. 使用修订

修订是显示文档中所做的诸如删除、插入或其他编辑更改的标记。启用修订功能，审阅者的每一次插入、删除或是格式更改都会被标记出来。这样能够让文档作者跟踪多位审阅者对文档所做的修改，并接受或者拒绝这些修订。

（1）修订文档

修订文档首先需要使文档处于修订的状态。

1 修订状态

在打开的素材文件中，单击【审阅】选项卡下【修订】组中的【修订】按钮，即可使文档处于修订状态。

2 修改被记录下来

此后，对文档所做的所有修改将会被记录下来。

（2）接受修订

如果修订的内容是正确的，就可以接受修订。将光标放在需要接受修订的内容处，然后单击【审阅】选项卡下【更改】组中的【接受】按钮，即可接受文档中的修订。此时系统将选中下一条修订。

（3）拒绝修订

如果要拒绝修订，可以将光标放在需要删除修订的内容处，单击【审阅】选项卡下【更改】组中的【拒绝】按钮下方的下拉按钮，在弹出的下拉列表中选择【拒绝并移到下一条】命令，即可接受修订。此时系统将选中下一条修订。

（4）删除修订

单击【审阅】选项卡下【更改】组

中【拒绝】按钮下方的下拉按钮，在弹出的快捷菜单中选择【拒绝所有修订】命令，即可删除文档中的所有修订。

至此，就完成了修改公司年度报告的操作，最后只需要删除批注，并根据需要接受或拒绝修订即可。

 高手私房菜

技巧 1：巧用"声音反馈"，提高在 Word 中的工作效率

在 Office 2019 新版本中，融入了"声音反馈"功能，当进行一些操作时，声音提示会进行通知，也可以确认已完成某项操作，如保存文档、共享文档等，它对于我们确定操作，有一定的辅助作用。具体启用步骤如下。

1 选择【选项】选项

单击【文件】选项，并在菜单上选择【选项】选项。

2 启用声音反馈

弹出【Word 选项】对话框，选择【轻松访问】选项，并在右侧的【反馈选项】区域下，勾选【提供声音反馈】复选框，并选择"声音方案"下拉列表中的声音方案，如选择"经典"方案，则使用原始 Office 音效，单击【确定】按钮，即可启用声音反馈。

此时，我们进行操作时，即会听到声音反馈，如粘贴、复制、撤销等。当我们需要关闭时，只需在上图中撤销勾选【提供声音反馈】复选框即可。

技巧 2：插入 3D 模型

在 Word 2019 中，新增了 3D 模型功能，用户可以在文档中插入三维模型，并可将 3D 对象旋转，以方便在文档中阐述观点或显示对象的具体特性。

1 单击【3D 模型】按钮

新建一个 Word 空白文档，单击【插入】➢【插图】组中的【3D 模型】按钮 ⊙ 3D 模型 。

2 单击【插入】按钮

弹出【插入 3D 模型】对话框，可以选择"素材 \ch11\ 猫 .glb"文件，单击【插入】按钮。

3 插入 3D 模型

此时，即可在文档中插入 3D 模型。在 3D 模型中间会显示一个三维控件，可以向任何方向旋转或倾斜三维模型，只需单击、按住并拖曳鼠标即可。

4 设置文件的显示视图

另外，单击【3D 模型工具】➢【格式】➢【3D 模型视图】组中的【其他】按钮 ▼，可以设置文件的显示视图，如下图所示。

第 12 章

使用 Excel 2019 制作报表

本章视频教学时间 / 1 小时 9 分钟

 重点导读

Excel 2019 是微软公司推出的 Office 2019 办公系列软件的一个重要组成部分，主要用于电子表格的处理，可以高效地完成各种表格的设计，并进行复杂的数据计算和分析，大大提高了数据处理的效率。

学习效果图

12.1 实战——制作员工考勤表

本节视频教学时间 / 13 分钟

员工考勤表是办公中常用的表格，用于记录员工每天的出勤情况，也是计算员工工资的一种参考依据。考勤表包括每个工作日的迟到、早退、旷工、病假、事假、休假等信息。本节将介绍如何制作一个简单的员工考勤表。

12.1.1 新建工作簿

在使用 Excel 时，首先需要创建一个工作簿，具体操作步骤如下。

1 启动 Excel 2019

启动 Excel 2019 后，在打开的界面单击右侧的【空白工作簿】选项。

2 自动创建"工作簿 1

系统会自动创建一个名称为"工作簿 1"的工作簿。

12.1.2 在单元格中输入文本内容

工作簿创建完成后，需要在单元格中填写考勤表的相关数据，如标题、表头内容等。

1 输入文字

打开 Excel 2019，新建一个工作簿，在 A1 单元格中输入"2019 年 1 月份员工考勤表"。

2 输入内容

在工作表中分别输入如下图中内容。

3 向右填充

选择 D2:F3 单元格区域，向右填充至数字 31，即 AH 列，如右图所示。

12.1.3 调整单元格

在制作考勤表时，为了使数据能在一张纸上打印出来，需要合理地调整行高和列宽，且根据需要调整单元格显示内容，必要时需要合并多个单元格。

1 自动调整列宽

选择 A2:AH3 单元格区域，单击【开始】➤【单元格】➤【格式】按钮，将其列宽设置为"自动调整列宽"。

2 向下填充

分别合并 A2:A3、B2:B3、A4:A5 和 B4:B5 单元格区域，并拖曳合并后的 A4 和 B4 单元格向下填充至第 17 行，如下图所示。

3 设置单元格格式

选择 A4:A17 单元格区域，按【Ctrl+1】组合键，打开【设置单元格格式】对话框，在【数字】分类选项卡下，选择【文本】选项，并单击【确定】按钮。

4 输入序号

在 A4 单元格中输入序号，并进行递增填充，效果如下图所示。

5 输入员工姓名

分别在 C4 和 C5 单元格中输入"上午"和"下午"，并使用填充柄向下填充，然后在 B 列输入员工姓名，如下图所示。

6 输入备注内容

合并 A1:AH1 单元格区域，然后在第 18 行，输入如下图备注内容，即可完成简单的员工考勤表，然后保存为"员工考勤表"。

12.1.4 美化单元格

基础考勤表创建完成后，为了使其更好看，可以对单元格的字体、单元格格式、表格填充等进行美化。

1 设置字体

选择 A1 单元格，将标题字体设置为"楷体"，字号为"18"，颜色为"蓝色"。

2 设置字体

选择 A2:AG3 单元格区域，将对齐方式设置为"居中"，并设置字体为"华文中宋"。使用同样方法设置其他单元格区域的字体和对齐方式。

3 添加边框线

选择 A2:AH18 单元格区域，单击【开始】➤【字体】组中的 田 ·按钮，在弹出的下拉列表中，选择【所有框线】选项，即可添加边框线。

4 保存工作表

按【Ctrl+S】组合键，将其保存为"员工考勤表"即可。

12.2 实战——制作汇总销售记录表

本节视频教学时间 / 5 分钟

本实例主要介绍销售记录表中数据的分类汇总以及显示与隐藏等操作。

12.2.1 对数据进行排序

在制作销售记录表时，用户可以根据需要，可对表格原数据进行排序，以便查阅和分析数据。

1 选中任一单元格

打开"素材 \ch12\ 汇总销售记录表 .xlsx"工作簿，选中 B 列的任一单元格。

2 进行排序

在【数据】选项卡中，单击【排序和筛选】选项组中的【升序】按钮↓↑，对"所属地区"列进行排序。

12.2.2 数据的分类汇总

分类汇总是先对数据清单中的数据进行分类，然后在分类的基础上进行汇总。分类汇总时，用户不需要创建公式，系统会自动创建公式，对数据清单中的字段进行求和、求平均值和求最大值等函数运算。分类汇总的计算结果，将分级显示出来。

1 单击【分类汇总】按钮

选择任一单元格，在【数据】选项卡中，单击【分级显示】选项组中的【分类汇总】按钮，弹出【分类汇总】对话框。

2 勾选复选框

在【分类字段】列表中选择【所属地区】选项，在【选定汇总项】列表框中勾选【发货额】和【回款额】复选框，取消勾选【回款率】复选框。

3 汇总结果

单击【确定】按钮，汇总结果如图所示。

4 单击【分类汇总】按钮

选择任一单元格，在【数据】选项卡中，单击【分级显示】选项组中的【分类汇总】按钮，弹出【分类汇总】对话框。在【汇总方式】下拉列表中选择【平均值】选项，取消【替换当前分类汇总】复选框。

5 汇总结果

单击【确定】按钮，得到多级汇总结果，如下图所示。

6 隐藏部分结果

销售记录太多，可以将部分结果隐藏（如将"湖北"的汇总结果隐藏）。单击"湖北"销售记录左侧 3 按钮下方的 - 按钮，将隐藏湖北 3 级的数据。

12.3 实战——制作销售情况统计表

本节视频教学时间 / 10 分钟

销售统计表是市场营销中最常用的一种表格,主要反映产品的销售情况,可以帮助销售人员根据销售信息做出正确的决策,也可以了解各员工的销售业绩情况。本节以制作销售情况统计为例,旨在帮助读者熟悉图表的应用,具体操作步骤如下。

12.3.1 创建柱形图表

图表可以非常直观地反映工作表中数据之间的关系,可以方便地对比与分析数据。用图表表达数据,可以使表达结果更加清晰、直观和易懂,为使用数据提供了便利,而在销售统计表中,图表是最为常用的分析方式。

1 选择单元格区域

打开"素材 \ch12\ 销售情况统计表 .xlsx"工作簿,选择单元格区域 A2:M7。

2 插入柱形图

在【插入】选项卡中,单击【图表】选项组中【插入柱形图或条形图】按钮 ，在弹出的列表中选择【簇状柱形图】选项,即可插入柱形图。

3 调整图表

选择图表,调整图表的位置和大小,如下图所示。

12.3.2 美化图表

为了使图表美观,可以设置图表的格式。

1 选择一种样式

选择图表，单击【图表工具】▶【设计】选项卡下【图表样式】选项组中的按钮 ，在弹出的列表中选择一种样式应用于图表。

2 应用该图表样式

此时，即可应用该图表样式，效果如下图所示。

3 添加数据标签

选择要添加数据标签的分类，如选

择"王伟"柱体，单击【图表工具】▶【设计】选项卡下【图表布局】选项组中的【添加图表元素】按钮 ，在弹出的列表中选择【数据标签】▶【数据标签外】选项，即可添加数据，如下图所示。

4 输入图表标题

在【图表标题】文本框中输入"2018年销售情况统计图表"字样，并设置字体的大小和样式，效果如下图所示。

12.3.3 添加趋势线

通过添加图表数据趋势线，可以帮助用户分析数据的走向情况，具体操作步骤如下。

1 添加线性趋势线

右键单击要添加趋势线的柱体，如首先选择"王伟"的柱体，在弹出的快捷菜单中，选择【添加趋势线】菜单命令，添加线性趋势线，并设置线条类型为"方点"线型。

2 为其他柱体添加趋势线

使用同样方法，为其他柱体添加趋势线，如右图所示。

12.3.4 插入迷你图

迷你图是一种小型图表，可放在工作表内的单个单元格中。由于其尺寸已经过压缩，因此，迷你图能够以简明且非常直观的方式显示大量数据集所反映出的图案。

1 创建迷你图

选择 N3 单元格，单击【插入】选项卡【迷你图】组中的【折线图】按钮，创建"王伟"销售迷你图。

2 填充迷你图

拖曳鼠标，为 N4:N7 单元格区域填充迷你图，如下图所示。

3 设置样式

选择 N3:N7 单元格区域，单击【迷你图工具】➤【设计】选项卡，在【显示】组中，勾选【尾点】和【标记】复选框，

并设置其样式为"深灰色，迷你图样式深色 #3"。

4 保存工作簿

制作完成后，按【F12】键，打开【另存为】对话框，将工作簿保存，最终效果如下图所示。

12.4 实战——制作销售奖金计算表

本节视频教学时间 / 17 分钟

销售奖金计算表是公司根据每位员工每月或每年的销售情况计算月奖金或年终奖的表格。销售业绩好，公司获得的利润就高，相应员工得到的销售奖金也就越多。因此，人事部门合理有效地统计员工的销售奖金是非常必要的，不仅能充分调动员工的工作积极性，还能推动公司销售业绩的发展。

12.4.1 使用【SUM】函数计算累计业绩

SUM 函数是最常用的函数之一，主要用于计算出所选单元格中数值之和，在本案例中主要求出员工的累计业绩。

1 输入公式

打开"素材 \ch12\ 销售奖金计算表 .xlsx"工作簿，包含 3 个工作表，分别为"业绩管理"、"业绩奖金标准"和"业绩奖金评估"。单击【业绩管理】工作表。选择单元格 C2，在编辑栏中直接输入公式"=SUM(D3:O3)"，按【Enter】键即可计算出该员工的累计业绩。

2 自动填充功能

利用自动填充功能，可将公式复制到该列的其他单元格中。

12.4.2 使用【VLOOKUP】函数计算销售业绩额和累计业绩额

VLOOKUP 函数是一个常用的查找函数，给定一个查找目标，可以从查找区域中查找返回想要找到的值，在本案例中，主要使用 VLOOKUP 函数进行快速查找，完成对销售业绩额和累计业绩额的计算。

1 选择工作表

单击"业绩奖金标准"工作表。

2 输入公式

设置自动显示销售业绩额：单击"业绩奖金评估"工作表，选择单元格 C2，在编辑栏中直接输入公式"=VLOOKUP(A2, 业绩管理 !\$A\$3:\$O\$11,15,1)"，按【Enter】键确认，即可看到单元格 C2 中自动显示员工"张光辉"的 12 月份的销售业绩额。

3 输入公式

按照同样的方法设置自动显示累计业绩额。选择单元格 E2，在编辑栏中直接输入公式"=VLOOKUP(A2, 业绩管理 !\$A\$3:\$C\$11, 3,1)"，按【Enter】键确认，即可看到单元格 E2 中自动显示员工"张光辉"的累计业绩额。

4 自动填充功能

使用自动填充功能，完成其他员工的销售业绩额和累计业绩额的计算。

12.4.3 使用【HLOOKUP】函数计算奖金比例

HLOOKUP 函数与 LOOKUP 函数和 VLOOKUP 函数属于一类函数，HLOOKUP 是按行查找的，VLOOKUP 是按列查找的。本案例主要用于计算员工奖金比例。

1 输入公式

选择单元格 D2，输入公式"=HLOOKUP (C2, 业绩奖金标准 !\$B\$2:\$F\$3,2)"，按【Enter】键即可计算出该员工的奖金比例。

的奖金比例计算。

2 自动填充功能

使用自动填充功能，完成其他员工

> **提示**
> 公式"=HLOOKUP(C2, 业绩奖金标准 !$B$2:$F$3,2)"中第 3 个参数设置为"2"，表示取满足条件的记录在"业绩奖金标准! $B$2:$F$3"区域中第 2 行的值。

12.4.4 使用【IF】函数计算基本业绩奖金和累计业绩奖金

IF 函数是在 Excel 中最常用的函数之一，它允许进行逻辑值和看到的内容之间的比较。在本案例中，可以使用 IF 函数判断员工的奖金获得情况。

1 输入公式

计算基本业绩奖金：在"业绩奖金评估"工作表中选择单元格 F2，在编辑栏中直接输入公式"=IF(C2<=400000,C2*D2,"48,000")"，按【Enter】键确认。

> **提示**
> 公式"=IF(C2<=400000,C2*D2,"48,000")"的含义为：当单元格数据小于或等于 400000 时，返回结果为单元格 C2 乘以单元格 D2，否则返回 48000。

2 自动填充功能

使用自动填充功能，完成其他员工的销售业绩奖金的计算。

3 输入公式

使用同样的方法计算累计业绩奖金。选择单元格 G2，在编辑栏中直接输入公式"=IF (E2>600000,18000,5000)"，按【Enter】键确认，即可计算出累计业绩奖金。

的累计业绩奖金的计算。

4 自动填充功能

使用自动填充功能，完成其他员工

12.4.5 计算业绩总奖金额

如果计算的数据不多，可以使用简单的公式快速得出计算结果，如本案例中计算业绩总奖金额，仅有2项数据相加，使用公式极为方便，具体操作步骤如下。

1 输入公式

在单元格H2中输入公式"=F2+G2"，按【Enter】键确认，计算出业绩总奖金额。

工的业绩总奖金额。

2 自动填充功能

使用自动填充功能，计算出所有员

至此，销售奖金计算表制作完毕，用户保存该表即可。

12.5 实战——制作销售业绩透视表和透视图

本节视频教学时间 / 15 分钟

销售业绩表是一种常用的工作表格，主要用于汇总销售人员的销售情况，可以为公司销售策略及员工销售业绩的考核提供有效的基础数据。本节主要介绍如何制作销售业绩透视表和透视图。

12.5.1 创建销售业绩透视表

数据透视表是一种对大量数据快速汇总和建立交叉列表的交互式动态表格，能够帮助用户分析、组织既有数据，是 Excel 中的数据分析利器。下面介绍如何创建销售业绩透视表。

1 打开工作簿

打开"素材\ch12\销售业绩表.xlsx"工作簿。

2 进行设置

在【插入】选项卡中，单击【表格】选项组中的【数据透视表】按钮，在弹出的下拉菜单中选择【数据透视表】选项，弹出【创建数据透视表】对话框。在对话框的【表/区域】文本框中输入销售业绩表的数据区域A2:G13，在【选择放置数据透视表的位置】区域中选择【新工作表】单选钮。

3 创建销售业绩透视表

单击【确定】按钮，即可在新工作表中创建一个销售业绩透视表。

4 进行设置

在【数据透视表字段列表】窗格中，将"产品名称"字段和"销售点"字段添加到【列标签】列表框中，将"销售员"字段添加到【行标签】列表框中，将"销售点"字段添加到【列标签】列表框中，将"销售额"字段添加到【Σ 值】列表框中。

5 重命名工作表标签

单击【数据透视表字段列表】窗格右上角 ✕ 按钮，将该窗格关闭，并将此工作表的标签重命名为"销售业绩透视表"。

12.5.2 设置销售业绩透视表表格

在工作表中插入数据透视表后，还可以对数据表的格式进行设置，使数据透视表更加美观。

1 选择一种样式

选择任一单元格，在【设计】选项卡中，单击【数据透视表样式】选项组中的按钮，在弹出的样式中选择一种样式。

2 选择【值字段设置】选项

在"数据透视表"中代表数据总额的单元格上右键单击，在弹出的快捷菜单中选择【值字段设置】选项，弹出【值字段设置】对话框。

3 选择【货币】选项

单击【数字格式】按钮，弹出【设置单元格格式】对话框，在【分类】列表框中选择【货币】选项，将【小数位数】设置为"0"，【货币符号】设置为"￥"，单击【确定】按钮。

4 更改"数值"格式

返回【值字段设置】对话框，单击【确定】按钮，将销售业绩透视表中的"数值"格式更改为"货币"格式。

12.5.3 设置销售业绩透视表中的数据

在使用透视表分析数据时，可以根据需要设置数据的排序及显示等，具体操作步骤如下。

1 取消选择

在销售业绩透视表中，单击【销售时间】右侧的按钮 ⏷，在弹出的下拉列表中取消选择【选择多项】复选框，选择"2019/1/1"选项。

2 显示销售数据

单击【确定】按钮，在销售业绩透视表中将显示 2019 年 1 月 1 日的销售数据。

3 选择【人民路店】复选框

单击【黄河路店】，再单击【列标签】右侧的按钮 ⏷，在弹出的下拉列表中取消选择【全选】复选框，勾选【人民路店】复选框。

4 显示销售数据

单击【确定】按钮，在销售业绩透视表中将显示"人民路店"在 2019 年 1 月 1 日的销售数据。

5 选择【平均值】选项

取消日期和店铺筛选，右键单击任一单元格，在弹出的快捷菜单中选择【值字段设置】选项，弹出【值字段设置】对话框，单击【值汇总方式】选项，在下拉列表框中选择【平均值】选项。

6 显示数据的平均值

单击【确定】按钮，在销售业绩透视表中将显示数据的平均值。

12.5.4 创建销售业绩透视图

数据透视图是数据透视表中的数据的图形表示形式。与数据透视表一样，数据透视图也是交互式的。创建数据透视图时，数据透视图将筛选显示在图表区中，以便排序和筛选数据透视图的基本数据。

1 弹出【插入图表】对话框

选择任一单元格，在【数据透视表工具】▶【分析】选项卡中，单击【工具】选项组中的【数据透视图】按钮，弹出【插入图表】对话框。

2 插入数据透视图

在【插入图表】对话框中选择【柱形图】中的任意一种柱形，单击【确定】按钮，即可在当前工作表中插入数据透视图。

3 输入工作表名称

右键单击数据透视图，在弹出的快捷菜单中选择【移动图表】菜单命令，弹出【移动图表】对话框，选择【新工作表】单选项，并输入工作表名称"销售业绩透视图"。

4 移动销售业绩透视图

单击【确定】按钮，自动切换到新建工作表，并把销售业绩透视图移动到该工作表中。

12.5.5 编辑销售业绩透视图

数据透视图创建完成后，同样可以根据需求，对透视图的图表类型、绘图区背景、显示元素等进行编辑和美化。

1 进行选择

单击透视图左下角的【销售员】按钮，在弹出的列表中取消【全选】复选框，勾选【陈晓华】和【李小林】复选框。

2 显示结果

单击【确定】按钮，在销售业绩透视图中将只显示"陈晓华"和"李小林"的销售数据。

3 选择【堆积折线图】选项

右键单击销售数据透视图，在弹出的快捷菜单中选择【更改图表类型】菜单命令，弹出【更改图表类型】对话框，选择【折线图】类型中的【堆积折线图】选项。

4 更改为【折线图】类型

单击【确定】按钮，即可将销售业绩透视图类型更改为【折线图】类型。

5 选择要应用的样式

单击【数据图透视工具】▶【设计】▶【图表样式】组中的【其他】按钮，在弹出的图表样式列表中选择要应用的样式，即可应用，效果如下图所示。

高手私房菜

技巧 1：输入以"0"开头的数字

如果输入以数字 0 开头的数字串，Excel 将自动省略 0。如果要保持输入的内容不变，可以先输入单引号"'"，再输入数字或字符。

1 输入以 0 开头的数字

先输入一个半角单引号"'"，在单元格中输入以 0 开头的数字。

	A	B	C
1	'0123456		
2			
3			
4			
5			
6			

2 按【Enter】键确认

按【Tab】键 或【Enter】键确认。

	A	B
1	0123456	
2		
3		
4		
5		
6		

提示

在英文输入状态下，单击键盘上的引号键，即可输入半角单引号"'"。

技巧 2：在 Excel 中绘制斜线表头

在制作表格时，有时会涉及交叉项目，需要使用斜线表头。斜线表头主要分为单斜线表头和多斜线表头，下面介绍如何绘制这两种斜线表头。

1. 绘制单斜线表头

单斜线表头是较为常用的斜线表头，适用于两个交叉项目，具体绘制方法如下。

1 输入数据

新建一个空白工作簿，在 B1 和 A2 单元格中输入数据，如下图所示。

2 选择一种线型

选择 A1 单元格，按【Ctrl+1】组合键，打开【设置单元格格式】对话框，单击【边框】选项卡。在【线条】列表中选择一种线型，然后在边框区域选择斜线样式。

247

3 添加斜线

单击【确定】按钮，返回 Excel 工作表，即可看到 A1 单元格中添加的斜线。

4 最终效果

使用同样办法，选择 B2 单元格，设置同样的斜线边框样式，使其成为 A1:B2 单元格区域的对角线，最终效果如下图所示。

2. 绘制多斜线表头

如果有多个交叉项目，就需要绘制多斜线表达，如双斜线、三斜线等，而单斜线的绘制方法就并不适合多斜

线表头，可采用下述方法。

1 调整单元格大小

新建一个空白工作簿，选择 A1 单元格，并调整该单元格大小。

2 绘制多条斜线

单击【插入】➤【形状】按钮 ，在弹出的形状列表中选择【直线】形状，根据需要在单元格中绘制多条斜线。

3 输入文本内容

单击【插入】➤【文本框】按钮 ，在单元格中绘制文本框，并输入文本内容，并设置文本框为"无轮廓"，最终效果如下图所示。

第 13 章

使用 PowerPoint 2019 制作演示文稿

本章视频教学时间 / 2 小时 5 分钟

🎧 重点导读

外出做报告，展示的不仅是一种技巧，还是一种精神面貌，更是一种个人素质的体现。有声有色的报告常常会令听众惊叹，并能使报告达到最佳效果。若要做到这一步，制作一个好的幻灯片是基础。

📖 学习效果图

13.1 实战——制作岗位竞聘演示文稿

本节视频教学时间 / 21 分钟

通过竞聘上岗，可以增加选人用人的渠道。而精美的岗位竞聘演示文稿，可以让竞聘者在演讲时，能够最大限度地介绍自己，让选民能够多方面地了解竞聘者的实际情况。

13.1.1 制作首页幻灯片

本节主要涉及幻灯片的一些基本操作，如选择主题、设置幻灯片大小和设置字体格式等内容。

1 创建空白演示文稿

启动 PowerPoint 2019，在【文件】选项卡下，单击【新建】选项，在右侧区域中选择【离子】模板，创建一个空白演示文稿。

2 设置标题

单击【单击此处添加标题】文本框，在文本框中输入"注意细节，抓住机遇"，并设置标题字体为"汉仪中宋简"、字号为"72"、字体颜色为"橙色"、文字效果为"文字阴影"、对齐方式为"居中对齐"。

3 输入文本内容

单击【单击此处添加副标题】文本框，在副标题中输入如下图所示文本内容，并设置字体为"幼圆"、字号为"24"、"颜色"为"白色"，对齐方式为"右对齐"。

13.1.2 制作岗位竞聘幻灯片

本步骤主要介绍添加幻灯片、设置字体格式和添加编号等内容。

1 输入文本内容

添加一张空白幻灯片，在幻灯片中插入横排文本框，输入如下图所示文本内容，设置其字体为"方正楷体简体"、字号大小为"36"、字体颜色为"白色"。

2 选择编号样式

选中文本内容，单击【开始】选项卡下【段落】组中的【编号】按钮右侧的倒三角箭头，在弹出的下拉列表中选择样式为"一、二、三"的编号。

3 设置段落间距

将文本内容的段前和段落间距设置为"12磅"，如下图所示。

4 设置字体

添加一张标题和内容幻灯片，在标题文本框中输入"一、主要工作经历"，设置标题字体为"方正楷体简体"、字号为"32"。打开"素材\ch13\工作经历.txt"，将其文本内容粘贴至内容文本框中，并设置字体为"等线"、字号为"28"、首行缩进"2厘米"、段前段后间距为"10磅"、行距为"1.5倍行距"，如下图所示。

5 粘贴文本内容（一）

添加一张标题和内容幻灯片，在标题文本框中输入"二、对岗位的认识"，设置标题字体为"方正楷体简体"、字号为"32"。打开"素材\ch13\岗位认识.txt"，将其文本内容粘贴至内容文本框中，并设置字体为"等线"、字号为"24"、首行缩进"1.8厘米"、段前段后间距为"10磅"、行距为"1.5倍行距"，如下图所示。

6 粘贴文本内容（二）

添加一张标题和内容幻灯片，在标题文本框中输入"三、自身的优劣势"，打开"素材\ch13\自身的优劣势.txt"，将其文本内容粘贴至副标题文本框中，按照步骤4设置文字的字体和段落格式。

7 粘贴文本内容（三）

添加一张标题和内容幻灯片，在标题文本框中输入"四、本年度工作目标"，打开"素材\ch13\本年度工作目标.txt"，将其文本内容粘贴至副标题文本框中，按照步骤4设置文字的字体和段落格式。

8 粘贴文本内容（四）

添加一张标题和内容幻灯片，在标

13.1.3 制作结束幻灯片

本步骤主要涉及添加幻灯片、设置字体格式等内容。

1 设置字体

添加一张空白幻灯片，并插入横排文本框，输入如右图所示文本内容，选中文本内容，设置其字体为"等线"、字号为"72"，在【格式】选项卡下设置艺术字样式为"填充-白色，文本1，阴影"。

题文本框中输入"五、实施计划"，打开"素材\ch13\实施计划.txt"，将其文本内容粘贴至副标题文本框中，按照步骤4设置文字的字体和段落格式。

9 选择一种项目符号

选中文本内容，单击【开始】选项卡【段落】组中【项目符号】按钮右侧的倒三角箭头，在弹出的下拉列表中选择一种项目符号。

2 插入空白幻灯片

添加一张空白幻灯片，插入垂直文本框，输入"谢谢"，并设置其字体为"方正楷体简体"、字号为"88"、加粗、添加文本阴影效果，如右图所示。

13.2 实战——设计沟通技巧培训 PPT

本节视频教学时间 / 51 分钟 📽️

沟通是人与人之间、群体与群体之间思想与感情的传递和反馈过程，是社会交际中必不可少的技能。很多时候，沟通的成效直接影响着事业成功与否。

本例将制作一个介绍培训沟通技巧的演示文稿，展示提高沟通技巧的要素，具体操作步骤如下。

13.2.1 设计幻灯片母版

此演示文稿中除了首页和结束页外，其他所有幻灯片中都需要在标题处放置一个关于沟通交际的图片。为了体现版面的美观，会将四角设置为弧形。设计幻灯片母版的步骤如下。

1 新建文档

启动 PowerPoint 2019，进入其工作界面，将新建文档另存为"沟通技巧 .pptx"。

2 单击【幻灯片母版】按钮

单击【视图】选项卡下【母版视图】中的【幻灯片母版】按钮，切换到幻灯片母版视图，并在左侧列表中单击第一张幻灯片。

3 选择图片

单击【插入】选项卡【图像】组中的【图片】按钮，在弹出的对话框中选择"素材 \ch13\ 背景 1.png" 文件，单击【插入】按钮。

4 插入图片

插入图片并调整图片的位置，如下图所示。

5 填充颜色

使用形状工具在幻灯片底部绘制一个矩形框，并填充颜色为蓝色（R:29，G:122，B:207）。

6 调整圆角角度

使用形状工具绘制 1 个圆角矩形，并拖曳圆角矩形左上方的黄点，调整圆

角角度。设置【形状填充】为"无填充颜色"，设置【形状轮廓】为"白色"、【粗细】为"4.5 磅"。

7 调整形状

在左上角绘制一个正方形，设置【形状填充】和【形状轮廓】为"白色"并单击鼠标右键，在弹出的快捷菜单中选择【编辑顶点】选项，删除右下角的顶点，并单击斜边中点向左上方拖曳，调整为如下图所示的形状。

8 绘制并调整其他角

重复上面的操作，绘制并调整幻灯片其他角的形状。

9 组合图形

选择步骤6 ~ 步骤8中绘制的图形，并单击鼠标右键，在弹出的快捷菜单中选择【组合】➤【组合】菜单命令，将图形组合，效果如下图所示。

10 将标题框置于顶层

将标题框置于顶层，并设置内容字体为"微软雅黑"、字号为"40"、颜色为"白色"。

13.2.2 设计幻灯片首页

幻灯片首页由能够体现沟通交际的背景图和标题组成，设计幻灯片首页的具体操作步骤如下。

1 选择第2张幻灯片

在幻灯片母版视图中选择左侧列表的第2张幻灯片。

2 将背景隐藏

勾选【幻灯片母版】选项卡【背景】组中的【隐藏背景图形】复选框，将背景隐藏。

3 单击【文件】按钮

单击【背景】选项组右下角的【设置背景格式】按钮 ，弹出【设置背景格式】窗格，在【填充】区域中选择【图片或纹理填充】单选按钮，并单击【文件】按钮。

4 选择图片

在弹出的【插入图片】对话框中选择"素材 \ch13\ 首页 .jpg"，单击【插入】按钮。

5 效果

设置背景后的幻灯片如下图所示。

6 绘制图形

按照13.2.1节步骤6~步骤9的操作，绘制图形，并将其组合，效果如下图所示。

7 返回普通视图

单击【关闭母版视图】按钮，返回普通视图。

8 输入文字并设置

在幻灯片中标题文本占位符中输入"提升你的沟通技巧"文本，设置【字体】为"华文中宋"并"加粗"，并调整文本框的大小与位置，删除副标题文本占位符，制作完成的幻灯片首页如下图所示。

13.2.3 设计图文幻灯片

图文幻灯片的目的是使用图形和文字形象地说明沟通的重要性，设计图文幻灯片页面的具体操作步骤如下。

1 输入标题

新建一张【仅标题】幻灯片，并输入标题"为什么要沟通？"。

2 调整图片位置

单击【插入】选项卡【图像】组中的【图片】按钮,插入"素材\ch13\沟通.png",并调整图片的位置。

3 插入形状

使用形状工具插入两个"思想气泡:云"自选图形标注。

4 编辑文字

在云形图形上单击鼠标右键,在弹出的快捷菜单中选择【编辑文字】选项,并输入如下文字,根据需要设置字体样式。

5 输入标题

新建一张【标题和内容】幻灯片,并输入标题"沟通有多重要?"。

6 选择【饼图】选项

单击内容文本框中的图表按钮 ,在弹出的【插入图表】对话框中选择【饼图】选项,单击【确定】按钮。

7 修改数据

在打开的【Microsoft PowerPoint 中的图表】工作簿中修改数据,如下图所示。

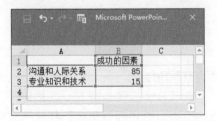

8 **插入图表**

关闭【Microsoft PowerPoint 中的图表】工作簿，即可在幻灯片中插入图表。

9 **修改图表的样式**

根据需要修改图表的样式，效果如下图所示。

10 **最终效果**

在图表下方插入一个文本框，输入内容，并调整文字的字体、字号和颜色，最终效果如下图所示。

13.2.4 设计图形幻灯片

使用各种形状图形和 SmartArt 图形可以直观地展示沟通的重要原则和高效沟通的步骤，具体操作步骤如下。

第 1 步：设计"沟通重要原则"幻灯片

1 **输入标题内容**

新建一张【仅标题】幻灯片，并输入标题内容"沟通的重要原则"。

2 **调整圆角角度**

使用形状工具绘制 5 个圆角矩形，调整圆角矩形的圆角角度，并分别应用一种形状样式。

3 **设置形状轮廓**

再绘制 4 个圆角矩形，设置【形状填充】为【无填充颜色】，分别设置【形状轮廓】为灰色、橙色、蓝色和绿色，并将其置于底层，然后绘制直线将图形连接起来。

4 输入文字

在形状上单击鼠标右键，在弹出的快捷菜单中选择【编辑文字】选项，根据需要输入文字，效果如下图所示。

第 2 步：设计"高效沟通步骤"幻灯片

1 输入标题

新建一张【仅标题】幻灯片，并输入标题"高效沟通步骤"。

2 输入文字

单击【插入】选项卡【插图】组中的【SmartArt】按钮，在弹出的【选择SmartArt 图形】对话框中选择【连续块状流程】图形，单击【确定】按钮。在SmartArt 图形中输入文字，如下图所示。

3 选择颜色

选择 SmartArt 图形，单击【设计】选项卡【SmartArt 样式】组中的【更改颜色】按钮，在下拉列表中选择【彩色轮廓 – 个性色 3】选项。

4 选择【嵌入】选项

单击【SmartArt 样式】组中的【其他】按钮，在下拉列表中选择【嵌入】选项。

5 绘制圆角矩形

在 SmartArt 图形下方绘制 6 个圆角矩形，并应用蓝色形状样式。

6 设置字体颜色

在圆角矩形中输入文字，为文字添

加"√"形式的项目符号，并设置字体颜色为"白色"，如下图所示。

13.2.5 设计幻灯片结束页

结束页幻灯片和首页幻灯片的背景一致，只是标题内容不同。具体操作步骤如下。

1 新建标题幻灯片

新建一张【标题幻灯片】，如下图所示。

2 设置字体和位置

在标题文本框中输入"谢谢观看！"，并设置字体和位置。

3 应用【淡出】效果

选择第一张幻灯片，并单击【切换】

选项卡【切换到此幻灯片】组中的【其他】按钮▾，应用【淡出】效果。

4 应用切换效果

分别为其他幻灯片应用切换效果。

至此，沟通技巧 PPT 就制作完成了。

13.3 实战——制作中国茶文化幻灯片

本节视频教学时间 / 40 分钟

中国茶历史悠久，现在已发展成了独特的茶文化。中国人饮茶注重一个"品"字，"品茶"不但可以鉴别茶的优劣，还可以消除疲劳、振奋精神。本节就以中国茶文化为背景，制作一份中国茶文化幻灯片。

13.3.1 设计幻灯片母版

设计该幻灯片母版的步骤如下。

1 单击【幻灯片母版】按钮

启动 PowerPoint 2019，新建幻灯片，并将其保存为"中国茶文化.pptx"的幻灯片。单击【视图】选项卡【母版视图】组中的【幻灯片母版】按钮。

2 单击【图片】按钮

切换到幻灯片母版视图，并在左侧列表中单击第一张幻灯片，单击【插入】选项卡下【图像】组中的【图片】按钮。

3 调整图片

在弹出的【插入图片】对话框中选择"素材 \ch13\ 图片 01.jpg"文件，单击【插入】按钮，将选择的图片插入幻灯片中，选择插入的图片，并根据需要调整图片的大小及位置。

4 置于底层

在插入的背景图片上单击鼠标右键，在弹出的快捷菜单中选择【置于底层】➢【置于底层】菜单命令，将背景图片在底层显示。

5 选择艺术字样式

选择标题框内文本，单击【绘图工具】选项下【格式】选项卡【艺术字样式】组中的【其他】按钮，在弹出的下拉列表中选择一种艺术字样式。

6 调整文本框位置

选择设置后的艺术字。根据需求设置艺术字的字体和字号。并设置【文本对齐】为"居中对齐"。此外，还可以根据需要调整文本框的位置。

> **📢 提示**
>
> 如果设置字体较大，标题栏中不足以容纳"单击此处编辑母版标题样式"文本时，可以删除部分内容。

7 设置【开始】模式

为标题框应用【擦除】动画效果，设置【效果选项】为"自左侧"，设置【开始】模式为"上一动画之后"。

8 删除文本框

在幻灯片母版视图中，在左侧列表中选择第 2 张幻灯片，勾选【背景】组中的【隐藏背景图形】复选框，并删除文本框。

9 调整图片位置

单击【插入】选项卡下【图像】组中的【图片】按钮，在弹出的【插入图片】对话框中选择"素材 \ch13\ 图片 02.jpg"文件，单击【插入】按钮，将图片插入幻灯片中，并调整图片位置的大小。

⑩ **置于底层**

在插入的背景图片上单击鼠标右键，在弹出的快捷菜单中选择【置于底层】➤【置于底层】菜单命令，将背景图片在底层显示，并删除文本占位符。

13.3.2 设计幻灯片首页

幻灯片的母版制作完成后，即可设计幻灯片的首页内容，主要是设计主页的标题文字，具体步骤如下。

① **选择艺术字样式**

单击【幻灯片母版】选项卡中的【关闭母版视图按钮】按钮，返回普通视图，删除幻灯片页面中的文本框，单击【插入】选项卡下【文本】组中的【艺术字】按钮，在弹出的下拉列表中选择一种艺术字样式。

② **调整文本框的位置**

输入"中国茶文化"文本，根据需要调整艺术字的字体和字号以及颜色等，并适当调整文本框的位置。

13.3.3 设计茶文化简介页面

茶文化简介界面设计的具体步骤如下。

① **设置对齐方式**

新建【仅标题】幻灯片页面，在标题栏中输入"茶文化简介"文本。设置其【对齐方式】为"左对齐"。

2 设置字体

打开"素材 \ch13\ 茶文化简介 .txt"文件，将其内容复制到幻灯片页面中，适当调整文本框的位置以及字体的字号和大小。

3 打开【段落】对话框

选择输入的正文，并单击鼠标右键，在弹出的快捷菜单中选择【段落】菜单命令，打开【段落】对话框，在【缩进和间距】选项卡下设置【特殊格式】为"首行缩进"，设置【度量值】为"1.75厘米"。

13.3.4 设计目录页面

目录页面具体步骤如下。

1 输入标题

新建【标题和内容】幻灯片页面。输入标题"茶品种"。

13.3.5 设计其他页面

下面介绍如何设计其他幻灯片页面，具体步骤如下。

1 输入标题

新建【标题和内容】幻灯片页面。输入标题"绿茶"。

设置完成，单击【确定】按钮。

4 设置段落样式

此时，即可看到设置段落样式后的效果。

2 设置字体

在下方输入茶的种类。并根据需要设置字体和字号等。

2 调整文本框

打开"素材 \ch13\ 茶种类 .txt"文件，将其"绿茶"下的内容复制到幻灯片页面中，适当调整文本框的位置以及字体的字号和大小。

3 调整图片

单击【插入】选项卡下【图像】组中的【图片】按钮。在弹出的【插入图片】对话框中选择"素材 \ch13\ 绿茶 .jpg"文件，单击【插入】按钮，将选择的图片插入幻灯片中，选择插入的图片，并根据需要调整图片的大小及位置。

4 选择一种样式

选择插入的图片，单击【格式】选项卡下【图片样式】选项组中的【其他】按钮，在弹出的下拉列表中选择一种样式。

5 设置图片

根据需要在【图片样式】组中设置【图片边框】、【图片效果】及【图片版式】等。

6 分别设置幻灯片页面

重复步骤 **1 ~ 5**，分别设计红茶、乌龙茶、白茶、黄茶、黑茶等幻灯片页面。

7 设置字体样式

新建【标题】幻灯片页面。插入艺术字文本框，输入"谢谢欣赏！"文本，并根据需要设置字体样式。

13.3.6 设置超链接

在 PowerPoint 中，超链接可以是从一张幻灯片到同一演示文稿中另一张幻灯片的连接，也可以是从一张幻灯片到不同演示文稿中另一张幻灯片、到电子邮件地址、网页或文件的连接等。可以从文本或对象创建超链接。

1 单击【超链接】按钮

在第 3 张幻灯片中选中要创建超链接的文本"1.绿茶"。单击【插入】选项卡下【链接】选项组中的【超链接】按钮。

2 单击【屏幕提示】按钮

弹出【编辑超链接】对话框，选择【链接到】列表框中的【本文档中的位置】选项，在右侧的【请选择文档中的位置】列表框中选择【幻灯片标题】下方的【4.绿茶】选项，然后单击【屏幕提示】按钮。

3 输入提示信息

在弹出的【设置超链接屏幕提示】对话框中输入提示信息，然后单击【确定】按钮，返回【插入超链接】对话框，单击【确定】按钮。

4 添加超链接后的文本

此时，即可将选中的文本链接到【产品策略】幻灯片，添加超链接后的文本以蓝色、下划线字显示。

5 创建其他超链接

使用同样的方法可创建其他超链接。

13.3.7 添加切换效果

切换效果是指由一张幻灯片进入另一张幻灯片时屏幕显示的变化。用户可以选择不同的切换方案并且可以设置切换速度。

1 选择第一张幻灯片

选择要设置切换效果的幻灯片，这里选择第一张幻灯片。

2 选择切换效果

单击【切换】选项卡下【切换到此幻灯片】选项组中的【其他】按钮▼，在弹出的下拉列表中选择【华丽型】下的【帘式】切换效果，即可自动预览该效果。

3 设置【持续时间】

在【切换】选项卡下【计时】选项组中【持续时间】微调框中设置【持续时间】为"07.00"。

4 设置不同的切换效果

使用同样的方法，为其他幻灯片页面设置不同的切换效果。

13.3.8 添加动画效果

动画可以将 PowerPoint 2019 演示文稿中的文本、图片、形状、表格、SmartArt 图形和其他对象制作成动画，赋予它们进入、退出、大小或颜色变化甚至移动等视觉效果。

1 创建文字动画效果

选择第一张幻灯片中要创建进入动画效果的文字。

2 单击【其他】按钮

单击【动画】选项卡【动画】组中的【其他】按钮▼，弹出如下图所示的下拉列表。

3 进入动画效果

在下拉列表的【进入】区域中选择【浮入】选项，创建进入动画效果。

4 选择【下浮】选项

添加动画效果后，单击【动画】选项组中的【效果选项】按钮，在弹出的下拉列表中选择【下浮】选项。

5 设置【持续时间】

在【动画】选项卡的【计时】选项组中设置【开始】为"上一动画之后"，设置【持续时间】为"02.25"。

6 保存幻灯片

参照步骤 1 ~ 5 为其他幻灯片页面中的内容设置不同的动画效果。设置完成单击【保存】按钮保存制作的幻灯片。

13.4 实战——公司宣传片的放映

本节视频教学时间 / 9分钟

本节通过实例介绍公司幻灯片的放映。

13.4.1 设置幻灯片放映

本步骤主要涉及幻灯片放映的基本设置，如添加备注和设置放映类型等内容。

1 添加备注

打开 "素材 \ch13\ 龙马高新教育公司 .pptx" 文件，选择第一张幻灯片，在幻灯片下方的【单击此处添加备注】处添加备注。

2 勾选复选框

单击【幻灯片放映】选项卡下【设置】组中的【设置幻灯片放映】按钮，弹出【设置放映方式】对话框，在【放映类型】中单击选中【演讲者放映（全屏幕）】单选项，在【放映选项】区域中单击勾选【放映时不加旁白】复选框和【放映时不加动画】复选框，然后单击【确定】按钮。

3 单击【排练计时】按钮

单击【幻灯片放映】选项卡下【设置】组中的【排练计时】按钮。

4 设置时间

开始设置排练计时的时间。

5 保留排练计时

排练计时结束后，单击【是】按钮，保留排练计时。

6 效果

添加排练计时后的效果如下图所示。

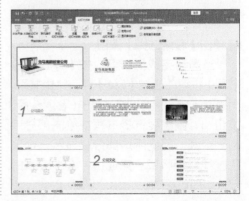

13.4.2 使用墨迹功能

在 PowerPoint 2019 支持了墨迹功能，用户可以使用鼠标绘制，方便添加注释、突出显示文本。

1 单击【开始墨迹书写】按钮

单击【审阅】➤【墨迹】组中的【开始墨迹书写】按钮。

2 进行书写

在显示的【墨迹书写工具】➤【笔】选项卡下，选择【写入】组中的【笔】按钮，并在【笔】组中选择笔样式、颜色和粗细等，即可在幻灯片中使用鼠标进行书写。

3 单击【套索选择】按钮

当书写完成后，可以按【停止墨迹书写】按钮或按【Esc】键，停止书写，切换笔光标为鼠标光标。单击【套索选择】按钮，围绕要选择书写或绘图部分绘制一个圆，围绕所选部分会显示一个淡色虚线选择区域。完成后，选中套索的部分，即可移动。

4 进行图画

单击【荧光笔】按钮，可以在文字或重点内容上进行图画，以突出重点内容。

5 单击【橡皮擦】按钮

如果要删除书写的墨迹，可以单击【橡皮擦】按钮，在弹出的列表中，选择橡皮擦的尺寸，用鼠标选择要清除的墨迹。

6 退出墨迹书写

另外，在【墨迹书写工具】➤【笔】选项卡下，单击【将墨迹转换为形状】按钮，在幻灯片上绘制形状，PowerPoint 会自动将绘图转换为最相似的形状，例如绘制一个椭圆。单击【停止墨迹书写】按钮，即可退出墨迹书写。

提示

将墨迹转换为形状功能，在绘制形状或流程图是极其方便的，可以快速绘制基本图形。另外，如果要隐藏幻灯片中的墨迹，可以单击【审阅】➤【墨迹】组中的【隐藏墨迹】按钮。

高手私房菜

技巧1：使用取色器为 PPT 配色

PowerPoint 2019 可以对图片的任何颜色进行取色，以更好地搭配文稿颜色。具体操作步骤如下。

1 应用主题

打开 PowerPoint 2019 软件，并应用任意一种主题。

2 选择【取色器】选项

在标题文本框，输入任意文字，然后单击【开始】➤【字体】组中的【字体颜色】按钮，在弹出的【字体颜色】面板中选择【取色器】选项。

3 拾取颜色

在幻灯片上任意一点单击，即可拾取颜色，并显示其颜色值。

4 应用颜色

单击即可应用选中的颜色。

另外，在 PPT 制作中，幻灯片的背景、图形的填充也可以使用取色器进行配色。

技巧 2：用【Shift】键绘制标准图形

在使用形状工具绘制图形时，时常会遇到绘制得直线不直，或者圆形不圆、正方形不正的问题，此时【Shifit】键可以对解决绘图问题起到关键作用。

例如，单击【形状】按钮，选择【椭圆】工具，按住【Shift】键，在工作表中绘制，即可绘制为标准的圆形，如下图所示。如果不按【Shift】键，则绘制出椭圆形。

同样，按住【Shifit】键可以绘制标准的正三角形、正方形、正多边形等。

第 14 章

使用电脑高效办公

本章视频教学时间 / 45 分钟

🎧 重点导读

在电脑办公中,不仅要熟练掌握办公软件的使用,而且要懂得办公技巧,以提高工作的效率。本章主要介绍一些高效办公的知识,如收 / 发邮件、下载资料、文件的共享、使用云盘等。

📖 学习效果图

14.1 实战——收 / 发邮件

本节视频教学时间 / 3 分钟

邮件是电脑办公中使用最为广泛的网络沟通方式之一，可以将文字、图像、声音等多种内容形式，发送给对方。本节将主要介绍 QQ 邮件的使用方法。

1 单击【QQ 邮箱】图标

在 QQ 客户端界面，单击顶端的【QQ 邮箱】图标 ✉ 。

2 进入 QQ 邮箱界面

此时，即可启动默认浏览器，并进入 QQ 邮箱界面，如下图所示。

3 添加内容

如要发送邮件，单击【写信】按钮，即可进入写信界面，如下图所示。创建一封邮件时，需要包含收件人、邮件主题和邮件正文，还可以添加附件、图片等，

内容添加完毕后，单击【发送】按钮。

4 发送邮件

此时，即可发送邮件，如果发送成功后，则提示"您的邮件已发送"信息，如下图所示。

5 选择要阅读的邮件

如果接收和回复邮件，可以单击【收信】或【收件箱】查看接收到的邮件。在邮箱列表中，选择要阅读的邮件。

6 管理邮件

此时，即可打开该邮件显示详细邮件内容。若要回复邮件，可以按【回复】按钮，即可进入写信页面，并且"收件人"及"主题"已自动输入，编辑好正文内容，单击【发送】按钮即可。另外，也可以通过【返回】、【删除】、【转发】等按钮，管理邮件。

提示

当 QQ 客户端界面顶端的【QQ 邮箱】图标由 🔲 变为 🔲，则表示有新邮件待阅读，将鼠标指向该图标时，会显示收件箱未读邮件的数量。

14.2 实战——使用个人智能助理 Cortana

本节视频教学时间 / 5 分钟 🎬

Cortana（小娜）是 Windows 10 中集成的一个程序，它不仅是语音助手，还可以根据用户的喜好和习惯，帮助用户进行日程安排、回答问题和推送关注信息等。如果能够熟练使用，可以帮助用户提高工作效率。本节主要介绍如何使用 Cortana。

1. 启用并唤醒 Cortana

在初次使用时，Cortana 是关闭的，如果要启用 Cortana，需要登录 Microsoft 账户，并单击任务栏中的搜索框，启动 Cortana 设置向导，并根据提示设置允许显示提醒、启用声音唤醒、使用名称或昵称等，设置完成后，即可使用 Cortana。

虽然通过上面的设置启用了 Cortana，但是在使用时，需要唤醒 Cortana。用户可以单击麦克风图标，唤醒 Cortana 至聆听状态，然后就可以使用麦克风和它对话。

另外，用户可以打开【设置】面板，单击【Cortana】➤【对 Cortana 说话】选项，在【键盘快捷方式】将按钮设置为"开"，如下图所示。

然后按【Windows+C】组合键，唤醒 Cortana 至迷你版聆听状态。

2. 设置 Cortana

Cortana 界面简洁，主要包含主页和笔记本 2 个选项。打开 Cortana 主页，单击【笔记本】选项，查找和编辑 Cortana 为你保存的列表和提醒。在【管理技能】选项卡下可以添加或删除兴趣，并发现新技能。

3. 使用 Cortana

使用 Cortana 可以做很多事，如打开应用、查看天气、安排日程、快递跟踪等，用户还可以在"笔记本"中设置喜好和习惯。

Cortana 的语音功能，十分好用。唤醒 Cortana 后，如对麦克风讲"明天会下雨吗"，Cortana 会聆听并识别语音信息，准确识别后，即可显示明天的天气情况。如果不能回答用户的问题，Cortana 会自动触发浏览器并搜索相关的内容。

14.3 实战——文档的下载

本节视频教学时间 / 4 分钟

在生活和工作中，我们经常需要搜索并下载一些资料或文档，如 Word、Excel 或 PPT 模板等。下面以百度文库为例，介绍如何搜索并下载文档。

1 登录百度账号

打开百度文库页面，单击【登录】超链接，登录百度账号，如果没有账号，可单击【注册】超链接，根据提示注册即可。

2 输入关键字

在搜索框中输入要搜索的文档关键字，然后单击【百度一下】按钮。

3 单击超链接

在搜索结果中，可以筛选文档的类型、排序等，然后单击文档名称超链接，进行查看。

4 单击【下载】按钮

打开文档，如果需要下载，单击【下载】按钮。

5 单击【立即下载】按钮

在弹出的对话框中，单击【立即下载】按钮。

> **提示**
>
> 有些文档下载需要财富值和下载券，用户可通过完成网站任务方式获得财富值或下载券，下载文档。

6 打开下载列表

下载完成后，单击【打开】按钮，打开文档，或单击【查看下载】按钮，查看下载列表。

> **提示**
>
> 如果没有弹出该对话框，仅提示下载成功，可进入【我的文库】页面，进行保存即可。

14.4 实战——局域网内文件的共享

本节视频教学时间 / 9分钟

组建局域网，无论是什么规模什么性质的，最重要的就是实现资源的共享与传送，这样可以避免使用移动硬盘进行资源传递带来的麻烦。

14.4.1 开启公用文件夹共享

在安装 Windows 10 操作系统时，系统会自动创建一个"公用"的用户，同时还会在硬盘上创建名为"公用"的文件夹，如在电脑上见到【Administrator】文件夹内的【视频】、【图片】、【文档】、【下载】、【音乐】文件夹。公用文件夹主要用于不同用户间的文件共享，以及网络资源的共享。如果开启了公用文件夹的共享，在同一局域网下的，用户就可以看到公用文件夹内的文件，当然用户也可以向公用文件夹内添加任意文件，供其他人访问。

开启公用文件夹的共享，具体操作步骤如下。

1 **打开"网络和 Internet"设置**

在【网络】图标上单击鼠标右键，在弹出的快捷菜单中选择【打开"网络和 Internet"设置】命令。

2 **更改高级共享设置**

打开【网络和 Internet】设置界面，单击【以太网】选项卡，并在右侧区域单击【更改高级共享设置】超链接。

3 **进行设置**

弹出【高级共享设置】窗口，分别选中【启用网络发现】、【启用文件和打印机共享】、【启动共享以便可以访问网络的用户可以读取和写入公用文件夹中的文件】、【关闭密码保护共享】单选按钮，然后单击【保存更改】按钮，即可开启公用文件夹的共享。

4 单击电脑名称

单击电脑桌面的【网络】图标，打开【网络】窗口，即可看到局域网内共享的电脑，单击电脑名称即可查看。

5 查看公用文件夹

此时，可看到该计算机下共享的文件夹，也可在电脑用户路径下，查看公用文件夹。

14.4.2 共享任意文件夹

公用文件夹的共享，只能共享公用文件夹内的文件，如果需要共享其他文件，用户需要将文件复制到公用文件夹下，供其他人访问，操作相对比较繁琐。此时，我们完全可以将该文件夹设置为共享文件，同一局域网的其他用户，可直接访问该文件。

共享任意文件夹的具体操作步骤如下。

1 选择【属性】菜单命令

选择需要共享的文件夹，单击鼠标右键并在弹出的快捷菜单中选择【属性】菜单命令，弹出属性】对话框，选择【共享】选项卡，单击【共享】按钮。

2 选择共享的用户

弹出【文件共享】对话框，单击【添加】左侧的向下按钮，选择要与其共享的用户，本实例选择每一个用户"Everyone"选项，然后单击【添加】按钮，然后单击【共享】按钮。

📢 提示

文件夹共享之后，局域网内的其他用户可以访问该文件夹，并能够打开共享文件夹内部的文件，此时，其他用户只能读取文件，不能对文件进行修改，如果希望同一局域网内的用户可以修改共享文件夹中文件的内容，可以在添加用户后，选择改组用户并且单击鼠标右键，在弹出的快捷菜单中选择【读取/写入】选项即可。

3 显示共享路径

提示"您的文件夹已共享"信息，单击【完成】按钮，成功将文件夹设为共享文件夹。在【各个项目】区域中，可以看到共享文件夹的路径，如这里显示"\\Sd-pc\文件"为该文件共享路径。

> **提示**
>
> \\Sd-pc\ 文件中，"\\"是指路径引用的意思，"Sd-pc"是指计算机名，而"\"是指根目录，\ 文件在【文件】文件夹根目录下。在【计算机】窗口地址栏中，输入"\\Sd-pc\ 文件"可以直接访问该文件。用户还可以直接输入电脑的 IP 地址，如果共享文件夹的电脑 IP 地址为 192.168.1.105，则直接在地址栏中输入 \\192.168.1.105 即可。另外也可以在【网络】窗口中，直接进入该电脑，进行文件夹访问。

④ 输入访问地址

输入访问地址后，系统自动跳转到共享文件夹的位置。

14.5 实战——办公设备的使用

本节视频教学时间 / 9 分钟

办公设备是自动化办公中不可缺少的组成部分，熟练操作常用的办公器材，例如打印机、复印机和扫描仪等，是十分必要的。

14.5.1 使用打印机打印文件

在日常办公中，我们主要使用打印机打印一些办公文档，如 Word 文档、Excel 工作表、PPT 演示文稿及图片等，其打印机的方法基本是打开要打印的文件，按【Ctrl+P】组合键，进行打印。下面主要具体介绍下 Office 文件的打印方法。

1. 打印预览

在进行文档打印之前，最好先使用打印预览功能查看即将打印文档的效果，以免出现错误，浪费纸张。在需要打印的文档、工作簿或演示文稿中查看打印效果的方法类似，这里以 Word 2019 为例。

在打开的 Word 文档中，单击【文件】选项卡，在弹出的界面左侧选择【打印】选项，在右侧即可显示打印预览效果。

2. 打印当前文档

当用户在打印预览中对所打印文档的效果感到满意时，就可以对文档进行打印。具体方法是，单击【文件】选项卡，在弹出的界面左侧选择【打印】选项，在右侧【打印机】下拉列表中选择打印机。在【份数】微调框中设置需要打印的份数，如这里输入"3"，单击【打印】按钮即可进行打印。

3. 打印当前页面

打印当前页面是指打印目前正在浏览的页面。具体方法是，单击【文件】选项卡，在【打印】区域的【设置】组下单击【打印所有页】后的下拉按钮，在弹出的下拉列表中选择【打印当前页面】选项，然后单击【打印】按钮即可进行打印。

4. 自定义打印范围

用户可以自定义打印的页码范围，有目的性的打印。具体方法：单击【文件】选项卡，在【打印】区域的【设置】组下单击【打印所有页】后的下拉按钮，在弹出的下拉列表中选择【自定义打印范围】选项，然后在【页数】文本框中输入要打印的页码，如输入"2-3"，则表示打印第 2 页到第 3 页内容；如输入"1,3"，则表示打印第 1 页和第 3 页内容，单击【打印】按钮 即可进行打印。

14.5.2 复印机的使用

复印机是从书写、绘制或印刷的原稿得到等倍、放大或缩小的复印品的设备。复印机复印的速度快，操作简便，与传统的铅字印刷、蜡纸油印、胶印等的主要区别是无需经过其他制版等中间手段，而能直接从原稿获得复印品。复印份数不多时较为经济。复印机发展的总体趋势是从低速到高速、从黑白过渡到彩色（数码复印机与模拟复印机的对比），至今，复印机、打印机、传真机已集于一体。

复印机的使用方法主要是，打开复印机翻盖，将要复印的文件放进去，把文档有字的一面向下，盖上机器的盖子，选择打印机上的【复印】按钮进行复制。部分机器需要按【复印】按钮后，然后再按一下打印机的【开始】或【启用】按钮进行复制。

14.5.3 扫描仪的使用

在日常办公中，使用扫描仪可以很方便地把纸上的文件扫描至电脑中。

目前，大多数办公用的扫描仪都是一体式机器，包含了打印、复印和扫描 3 种功能，可以最大化地节约成本和办公空间。不管是一体机还是独立的扫描仪，其安装方法和打印机相同，将机器与电脑相连，并将附带的驱动程序安装到电脑上，即可使用，下面主要介绍下如何扫描文件。

1 进行设置

将需要扫描的文件放入扫描仪中，要扫描的一面向下，运行扫描仪程序，扫描仪会提示设置，如下图所示，用户可以对扫描保存的文件类型、路径、分辨率、扫描类型、文档尺寸等进行设置，然后单击【扫描】按钮。

2 打开扫描的文件

扫描仪即会扫描，扫描完成后会自动打开扫描的文件，如下图所示。

14.6 实战——使用云盘保护重要资料

本节视频教学时间 / 10 分钟

随着云技术的快速发展，云盘应时而生，不仅功能强大，而且具备了很好的用户体验。上传、分享和下载是各类云盘最主要的功能，用户可以将重要数据文件上传到云盘空间，可以将其分享给其他人，也可以在不同的客户端下载云盘空间上的数据，方便了不同用户、不同客户端之间的交互。下面介绍百度网盘如何上传、分享和下载文件。

1 双击

下载并安装【百度网盘】客户端后，在【此电脑】中，双击"设备和驱动器"列表中的【百度网盘】图标，打开该软件。

提示

百度网盘同时支持网页版，为了有更好的功能体验，建议安装 PC 客户端版。

2 新建分类目录

打开并登录百度网盘客户端，在【我的网盘】界面中，用户可以新建目录，也可以直接上传文件，如这里单击【新建文件夹】按钮，新建一个分类的目录，并命名为"重要备份"。

3 选择要上传的资料

打开新建目录文件夹，选择要上传的重要资料，拖曳到客户端界面上。

提示

用户也可以单击【上传】按钮，通过选择路径的方式，上传资料。

4 显示具体传输情况

此时，会自动跳转至【传输列表】界面，显示具体传输情况。

5 单击【分享】按钮

上传完毕后，返回创建的文件夹类目下，即可看到已上传的文件。用户可以通过上方的控制按钮，进行相应操作。如这里选择单击【分享】按钮。

> **提示**
>
> 如单击【上传】按钮，则可向该文件夹上传文件；单击【下载】按钮，可以将所选文件下载到电脑中；单击【分享】按钮，可以生成分享链接，供他人下载；单击【新建文件夹】按钮，可以在当前位置新建一个文件夹；单击【离线下载】按钮，可以通过文件链接下载到网盘中；单击【更多】按钮，可以执行移动、移入隐藏空间、推送到设备等操作。

6 单击【创建链接】按钮

弹出分享文件对话框，显示了分享的两种方式：链接分享和发给好友。其中链接分享，可以创建加密和公开两种

形式，如果创建公开分享，该文件则会显示在分享主页，其他人都可下载；而私密分享，系统会自动为每个分享链接生成一个提取码，只有获取提取码的人才能通过连接查看并下载私密共享的文件。如这里单击【加密】单选项，并将有效期设置为"永久有效"，然后单击【创建链接】按钮。

> **提示**
>
> 【发送好友】分享方式，主要是直接将文件发送给百度网盘好友。

7 复制链接及提取码

此时，即可看到生成的链接和提取码，单击【复制链接及提取码】按钮，即可将复制的内容发送给好友进行查看。

8 取消分享的文件

在【百度网盘】界面，单击左侧弹出的分类菜单【我的分享】选项，进入【我的分享】界面，列出了当前分享的文件，带有 🔒 标识，则表示为私密分享文件，否则为公开分享文件。勾选分享的文件，然后单击【取消分享】按钮，即可取消分享的文件。

技巧 1：打印行号、列标

在打印 Excel 表格时可以根据需要将行号和列标打印出来，具 体操作步骤如下。

1 单击【打印预览】按钮

在 Excel 2019 中，单击【页面布局】选项卡下【页面设置】组中的【打印标题】按钮，弹出【页面设置】对话框，在【工作表】选项卡下【打印】组中单击【行和列标题】单选项，单击【打印预览】按钮。

2 预览效果

此时即可查看显示行号列标后的打印预览效果。

📢 提示

在【打印】组中勾选【网格线】复选框可以在打印预览界面查看网格线。勾选【单色打印】复选框可以以灰度的形式打印工作表。勾选【草稿品质】复选框可以节约耗材、提高打印速度，但打印质量会降低。

技巧 2： 打印时让文档自动缩页

在打印时为了节约成本，可以设置文档在打印时自动缩页。

1 单击【页面设置】按钮

在打开的工作簿中，单击【页面布局】选项卡下【页面设置】组中的【页面设置】按钮 ▣。

2 自动缩页打印

弹出【页面设置】对话框，在【页面】选项卡下【缩放】组中单击【调整为】

单选项，并设置右侧的宽度为"1页宽"和"1页高"，单击【打印】按钮即可进行自动缩页打印。

第 15 章

电脑的优化与维护

本章视频教学时间 / 51 分钟

🎧 重点导读

在使用电脑过程中，不仅需要对电脑的性能进行优化，而且需要对病毒木马进行防范、对电脑系统进行维护等，以确保电脑的正常使用。本节主要介绍对电脑的优化和维护知识，包括系统安全与防护、优化电脑、备份与还原系统和重新安装系统等内容。

📖 学习效果图

15.1 实战——系统安全与防护

本节视频教学时间 / 14 分钟

当前，电脑病毒十分猖獗，而且更具有破坏性、潜伏性。电脑染上病毒，不但会影响电脑的正常运行，使机器速度变慢，严重的时候还会造成整个电脑的彻底崩溃。本节主要介绍系统漏洞的修补与查杀病毒的方法。

15.1.1 修补系统漏洞

系统本身的漏洞是重大隐患之一，用户必须要及时修复系统的漏洞。下面以 360 安全卫士修复系统漏洞为例进行介绍，具体操作如下。

1 单击【系统修复】图标

打开 360 安全卫士软件，在其主界面单击【系统修复】图标按钮。

2 选择【漏洞修复】选项

打开如下工作界面，可以单击【全面修复】按钮，修复电脑的漏洞、软件、驱动等。也可以在右侧的修复列表中选择【漏洞修复】选项，进行单项修复。如选择【漏洞修复】选项。

3 扫描漏洞

打开【漏洞修复】工作界面，在其中开始扫描系统中存在的漏洞。

4 进行修复

如果存在漏洞按照软件指示进行修复即可。

5 单击【返回】按钮

如果没有漏洞，则会显示为如下界面，单击【返回】按钮即可。

15.1.2 查杀电脑中的病毒

电脑感染病毒是很常见的，但是当遇到电脑故障的时候，很多用户不知道电脑是否是感染病毒，即便知道了是病毒故障，也不知道该如何查杀病毒。下面以"360安全卫士"软件为例，具体操作步骤如下。

1 单击【快速查杀】按钮

打开360安全卫士，单击【木马查杀】图标，进入该界面，单击【快速查杀】按钮。

> **提示**
> 用户还可以单击【全盘查杀】按钮，查杀整个硬盘；也可以单击【按位置查杀】按钮，查杀指定位置。

2 进行病毒查杀

软件即可进行系统设置以及常用软件、内存及关键系统位置等病毒查杀。

3 单击【一键处理】按钮

扫描完成后，如果发现病毒或者危险项，即会显示相关列表，用户可以逐个处理，也可以单击【一键处理】按钮，进行全部处理。

4 是否重启电脑

处理成功后，软件会根据情况要求用户是否重启电脑，根据提示操作即可。

15.1.3 使用 Windows Defender

Windows Defender 是 Windows 10 中自带的反病毒软件，不仅能够扫描系统，而且可以对系统进行实施监控、清除程序、防火墙、设备性能和运行情况等。Windows Defender 会利用实时保护，扫描下载内容以及用户在设备上运行的程序。此外，Windows 更新会自动下载适用于 Windows 安全中心的更新，以帮助保护设备的安全，使电脑免受威胁。

1 单击 Windows Defender 图标

单击状态栏中的 Windows Defender 图标。

2 打开【Windows Defender 安全中心】界面

此时，即可打开【Windows Defender 安全中心】界面，可以看到设备的安全性和运行情况。其中，绿色状态表示设备受到充分保护，没有任何建议的操作；黄色表示有供用户采纳的安全建议；而红色表示警告，需要用户立即关注和处理。

> **提示**
>
> Windows 安全中心具有七个区域，这些区域可以保护用户的设备，并允许用户指定希望保护设备的方式。
>
> （1）病毒和威胁防护。监控设备威胁、运行扫描并获取更新来帮助检测最新的威胁。
>
> （2）账户保护。访问登录选项和账户设置，包括 Windows Hello 和动态锁屏。
>
> （3）防火墙和网络保护。管理防火墙设置，并监控网络和 Internet 连接的状况。
>
> （4）应用和浏览器控制。更新 Windows Defender SmartScreen 设置来帮助设备抵御具有潜在危害的应用、文件、站点和下载内容。还提供 Exploit Protection，因此可以为设备自定义保护设置。
>
> （5）设备安全性。查看有助于保护设备免受恶意软件攻击的内置安全选项。
>
> （6）设备性能和运行状况。查看有关设备性能运行状况的状态信息，维持设备干净并更新至最新版本的 Windows10。
>
> （7）家庭选项。在家里跟踪孩子的在线活动和设备。

3 【定期扫描】设置为"开"

打开 Windows Defender 防病毒实时保护。单击【病毒和威胁服务】服务图标，进入该界面，将【Windows Defender 防病毒软件选项】下的【定期扫描】设置为"开"。

4 单击【立即扫描】按钮

此时，即可开始实时保护，单击【威胁历史记录】区域下的【立即扫描】按钮。

5 快速扫描

此时，软件即可快速扫描，并显示进度，如下图所示。

如果不需要，将【定期扫描】设置为"关"即可。除了上面的防护设置外，还可以对其他安全区域设置。

15.2 实战——优化电脑的开机和运行速度

本节视频教学时间 / 5 分钟

电脑开机启动项过多，就会影响电脑的开机速度。此外，系统、网络和硬盘等都会影响电脑运行速度。为了能够更好地使用电脑，我们需要定时对其进行优化。

15.2.1 使用【任务管理器】进行启动优化

Windows 10 自带的【任务管理器】，不仅可以查看系统进程、性能、应用历史记录等，还可以查看启动项，并对其进行管理，具体操作步骤如下。

1 单击【任务管理器】命令

在空白任务栏任意处，单击鼠标右键，在弹出菜单中，单击【任务管理器】命令。

2 显示程序进度

此时，即可打开【任务管理器】对话框，如下图所示。默认选择【进程】选项卡，显示程序进度情况。

3 单击【禁用】按钮

单击【启动】选项卡，选择要禁止的启动项，单击【禁用】按钮。

4 单击【启用】按钮

此时，即可禁用该程序，软件状态显示为"已禁用"，电脑再次启动时，则不会启动。当希望启动时，可以单击【启用】按钮即可。

15.2.2 使用 360 安全卫士进行优化

除了上述方法，还可以使用 360 安全卫士的优化加速功能可以提升开机速度、系统速度、上网速度和硬盘速度，具体操作步骤如下。

1 单击【全面加速】按钮

打开【360 安全卫士】界面，单击【优化加速】图标，进入该界面，单击【全面加速】按钮。

2 进行扫描

软件即会对电脑进行扫描，如下图所示。

3 单击【立即优化】按钮

扫描完成后，会显示可优化项，单击【立即优化】按钮。

4 单击【确认优化】按钮

弹出【一键优化提醒】对话框，勾选需要优化的选项。如需全部优化，单击【全选】按钮；如需进行部分优化，在需要优化的项目前，勾选该复选框，然后单击【确认优化】按钮。

5 单击【完成】按钮

对所选项目优化完成后，即可提示优化的项目及优化提升效果，单击【完成】按钮即可。

15.3 实战——硬盘的优化与管理

本节视频教学时间 / 14 分钟

硬盘是存储系统和文件的重要位置，它时刻影响着电脑的正常运行，本节主要讲述如何优化和管理硬盘。

15.3.1 对电脑进行清理

电脑使用时间长了，就会产生冗余文件，不仅影响了电脑运行速度，而且占用磁盘空间，下面以"360安全卫士"为例，介绍如何对电脑进行清理。

1 单击【全面清理】按钮

打开 360 安全卫士界面，单击【电脑清理】图标，进入如下界面，单击【全面清理】按钮。

2 显示进度

此时，软件即会对电脑进行扫描，并显示进度，如下图所示。

3 单击【一键清理】按钮

扫描完成后，选择要清理的软件、软件垃圾、系统垃圾及使用痕迹等，单击【一键清理】按钮。

4 显示清理结果

清理完成后，即可显示清理结果，如下图所示。如果要清理更多垃圾，则可单击【深度清理】按钮即可。

15.3.2 为系统盘瘦身

如果系统盘可用空间太小，则会影响系统的正常运行，本节主要讲述使用 360 安全卫士的【系统盘瘦身】功能，释放系统盘空间。

1 单击【系统盘瘦身】图标

打开【360 安全卫士】界面，单击【功能大全】图标，进入如下界面，然后单击【系统工具】选项中的【系统盘瘦身】图标。

2 单击【立即瘦身】按钮

初次使用需要进行添加，添加完成后，打开【系统盘瘦身】工具，工具会自动扫描系统盘，此时，单击【立即瘦身】按钮，即可进行优化。

3 重启电脑

完成后，即可看到释放的磁盘空间。由于部分文件需要重启电脑后才能生效，单击【立即重启】按钮，重启电脑。

15.3.3 整理磁盘碎片

用户保存、更改或删除文件时，硬盘卷上会产生碎片。用户所保存的对文件的更改通常存储在卷上与原始文件所在位置不同的位置。这不会改变文件在 Windows 中的显示位置，而只会改变组成文件的信息片段在实际卷中的存储位置。随着时间推移，文件和卷本身都会碎片化，而电脑跟着也会变慢，因为电脑打开单个文件时需要查找不同的位置。

磁盘碎片整理实质是指合并卷（如硬盘或存储设备）上的碎片数据，以便卷能够更高效地工作。磁盘碎片整理程序能够重新排列卷上的数据并重新合并碎片数据，有助于电脑更高效地运行。在 Windows 操作系统中，磁盘碎片整理程序可以按计划自动运行，用户也可以手动运行该程序或更改该程序使用的计划。

> 📢 提示
> 如果电脑使用的是固态硬盘，则不需要对磁盘碎片进行整理。

1 单击【优化】按钮

打开【此电脑】窗口，选择需要整理碎片的磁盘分区，单击【管理】选项卡下的【优化】按钮。

2 单击【分析】按钮

弹出【优化驱动器】对话框，如选择【(C:)】驱动器，单击【分析】按钮。

3 显示分析的进度

系统开始自动分析磁盘，在对应的当前状态栏下显示碎片分析的进度。

4 进行整理操作

分析完成后，单击【优化】按钮，系统开始自动对磁盘碎片进行整理操作。

5 设置完成

除了手动整理磁盘碎片外，用户还可以设置自动整理碎片的计划，单击【启用】按钮，弹出【优化驱动器】对话框，勾选【按计划运行】复选框，用户可以设置自动检查碎片的频率、日期、时间和磁盘分区，设置完成后，单击【确定】按钮。

6 完成磁盘碎片整理

返回【磁盘碎片整理程序】窗口，单击【关闭】按钮，即可完成磁盘的碎片整理及设置。

15.3.4 开启和使用存储感知

存储感知是 Windows 10 新版本中推出的一个新功能，可以利用存储感知从电脑中删除不需要的文件或临时文件，以达到释放磁盘空间的目的。

1 单击【系统】图标

按【Windows+I】组合键，打开【设置】面板，并单击【系统】图标选项。

2 开启【存储感知】

进入【系统】面板页面，单击左侧【存储】选项，在【存储感知】区域，将其按钮设置为"开"，即可开启该功能。

3 设置删除文件规则

单击【更改详细设置】选项，进入

该页面。用户可以设置"运行存储感知"的时间，还可以设置"临时文件"的删除文件规则，如下图所示。

4 清理所选文件

单击【立即清理】按钮，则会进入如下界面，并会扫描可以删除的文件，如下图所示。勾选要删除的文件，单击【删除文件】按钮，即可清理所选文件。

15.4 实战——一键备份与还原系统

本节视频教学时间 / 6分钟

虽然 Windows 10 操作系统中自带了备份工具，但操作较为麻烦，下面介绍一种快捷的备份和还原系统的方法——使用 GHOST 备份和还原。

15.4.1 一键备份系统

使用一键 GHOST 备份系统的操作步骤如下。

1 单击【备份】按钮

下载并安装一键 GHOST 后，即可打开【一键恢复系统】对话框，此时一键 GHOST 开始初始化。初始化完毕后，将自动选中【一键备份系统】单选项，单击【备份】按钮。

2 单击【确定】按钮

打开【一键 Ghost】提示框，单击【确定】按钮。

3 选择第一个选项

系统开始重新启动，并自动弹出 GRUB4DOS 菜单，在其中选择第一个选项，表示启动一键 GHOST。

4 选择第一个选项

系统自动选择完毕后，接下来会弹出【MS-DOS 一级菜单】界面，在其中选择第一个选项，表示在 DOS 安全模式下运行 GHOST 11.2。

5 选择第一个选项

选择完毕后，接下来会弹出【MS-DOS 二级菜单】界面，在其中选择第一个选项，表示支持 IDE、SATA 兼容模式。

6 选择【备份】按钮

根据磁盘是否存在映像文件，将会从主窗口自动进入【一键备份系统】警告窗口，提示用户开始备份系统。选择【备份】按钮。

7 开始备份系统

此时，开始备份系统如下图所示。

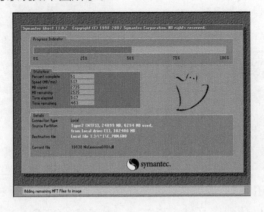

15.4.2 一键还原系统

使用一键 GHOST 还原系统的操作步骤如下。

1 单击【恢复】按钮

打开【一键GHOST】对话框。单击【恢复】按钮。

2 运行【恢复】程序

打开【一键 GHOST】对话框，提示用户"电脑必须重新启动，才能运行【恢复】程序"。单击【确定】按钮。

3 启动一键 GHOST

系统开始重新启动，并自动弹出 GRUB4DOS 菜单，在其中选择第一个选项，表示启动一键 GHOST。

4 选择第一个选项

系统自动选择完毕后，接下来会弹出【MS-DOS 一级菜单】界面，在其中选择第一个选项，表示在 DOS 安全模式下运行 GHOST 11.2。

5 选择第一个选项

选择完毕后，接下来会弹出【MS-DOS二级菜单】界面，在其中选择第一个选项，表示支持 IDE、SATA 兼容模式。

6 选择【恢复】按钮

根据磁盘是否存在映像文件，将会从主窗口自动进入【一键恢复系统】警告窗口，提示用户开始恢复系统。选择【恢复】按钮，即可开始恢复系统。

7 开始恢复系统

此时，开始恢复系统，如下图所示。

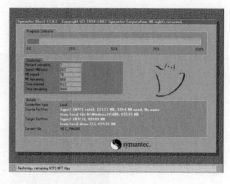

8 恢复到以前的系统

在系统还原完毕后，将弹出一个信息提示框，提示用户恢复成功，单击【Reset Computer】按钮重启电脑，然后选择从硬盘启动，即可将系统恢复到以前的系统。至此，就完成了使用GHOST 工具还原系统的操作。

15.5 实战——重装系统

本节视频教学时间／9分钟

用户误删除系统文件、病毒程序将系统文件破坏等原因，都会导致系统中的重要文件丢失或受损，甚至使系统崩溃无法启动，此时就不得不重装系统了。另外，有些时候，系统虽然能正常运行，但是却经常出现不定期的错误提示，甚至系统修复之后也不能消除这一问题，那么也必须重装系统。

15.5.1 什么情况下重装系统

具体来讲，当系统出现以下三种情况之一时，就必须考虑重装系统了。

（1）系统运行变慢

系统运行变慢的原因有很多，如垃圾文件分布于整个硬盘而又不便于集中清理和自动清理，或者是计算机感染了病毒或其他恶意程序而无法被杀毒软件清理等。这样就需要对磁盘进行格式化处理并重装系统了。

（2）系统频繁出错

众所周知，操作系统是由很多代码和程序组成，在操作过程中可能由于误删除某个文件或者是被恶意代码改写等原因，致使系统出现错误，此时如果该故障不便于准确定位或轻易解决，就需要考虑重装系统了。

（3）系统无法启动

导致系统无法启动的原因很多，如 DOS 引导出现错误、目录表被损坏或系统文件"Nyfs.sys"丢失等。如果无法查找出系统不能启动的原因或无法修复系统以解决这一问题时，就需要重装系统。

另外，一些电脑爱好者为了能使电脑在最优的环境下工作，也会经常定期重装系统，这样就可以为系统减肥。但是，不管是哪种情况下重装系统，重装系统的方式分为两种，一种是覆盖式重装，另一种是全新重装。前者是在原操作系统的基础上进行重装，其优点是可以保留原系统的设置，缺点是无法彻底解决系统中存在的问题。后者则是对系统所在的分区重新格式化，其优点是彻底解决系统的问题。因此，在重装系统时，建议选择全新重装。

15.5.2 重装前应注意的事项

在重装系统之前，用户需要做好充分的准备，以避免重装之后造成数据的丢失等严重后果。那么在重装系统之前应该注意哪些事项呢？

（1）备份数据

在因系统崩溃或出现故障而准备重装系统前，首先应该想到的是备份好自己的数据。这时，一定要静下心来，仔细罗列一下硬盘中需要备份的资料，把它们一项一项地写在一张纸上，然后逐一对照进行备份。如果硬盘不能启动，这时需要考虑用其他启动盘启动系统，然后拷贝自己的数据，或将硬盘挂接到其他电脑上进行备份。但是，最好的办法是在平时就养成备份重要数据的习惯，这样就可以有效避免硬盘数据不能恢复的现象。

（2）格式化磁盘

重装系统时，格式化磁盘是解决系统问题最有效的办法，尤其是在系统感染病毒后，最好不要只格式化 C 盘，如果有条件将硬盘中的数据全部备份或转移，尽量将整个硬盘都进行格式化，以保证新系统的安全。

（3）牢记安装序列号

安装序列号相当于一个人的身份证号，标识这个安装程序的身份。如果不小心丢掉自己的安装序列号，那么在重装系统时，如果采用的是全新安装，安装过程将无法进行下去。正规的安装光盘的序列号会在软件说明书中或光盘封套的某个位置上。但是，如果用的是某些软件合集光盘中提供的测试版系统，那么，这些序列号可能是存在于安装目录中的某个说明文本中，如 SN.txt 等文件。因此，在重装系统之前，首先将序列号读出并记录下来以备稍后使用。

15.5.3 重新安装系统

如果系统不能正常运行，就需要重新安装系统，重装系统就是重新将系统安装一遍，下面以 Windows 10 为例，简单介绍重装的方法。

> **提示**
>
> 如果不能正常进入系统，可以使用 U 盘、DVD 等重装系统，具体操作可参照第 1 章。

1 单击【接受】按钮

直接运行目录中的 setup.exe 文件，在许可协议界面，勾选【我接受许可条款】复选框，并单击【接受】按钮。

2 单击【下一步】按钮

进入【正在确保你已准备好进行安装】界面，检查安装环境界面，检测完成，单击【下一步】按钮。

3 单击【下一步】按钮

进入【你需要关注的事项】界面，在显示结果界面即可看到注意事项，单击【确认】按钮，然后单击【下一步】按钮。

4 单击【安装】按钮

如果没有需要注意的事项，则会出现下图所示界面，单击【安装】按钮即可。

6 完成重装

电脑会重启几次后，即可进入 Windows 10界面，表示完成重装。

5 显示【安装 Windows 10】界面

此时，即可开始重装 Windows 10，显示【安装 Windows 10】界面。

 高手私房菜

技巧：更改新内容的保存位置

在安装新应用，下载文档、音乐时，用户可以针对不同的文件类型，对其指定保存的位置，下面介绍下如何更改新内容的保存位置。

1 更改新内容的保存位置

打开【设置—系统】界面，单击【存储】选项，在其右侧区域，单击【更改新内容的保存位置】选项。

2 查看保存位置

进入【更改新内容的保存位置】界面，即可看到应用、文档、音乐、图片等默认保存位置。

3 选择要存储的磁盘

如果要更改某个类型文件的存储位置，单击下方的下拉按钮，在弹出的磁盘列表中，选择要存储的磁盘。

4 单击【应用】按钮

选择磁盘后，单击右侧显示的【应用】按钮。

5 更改成功

此时，即可更改成功，如下图所示。

6 修改其他文件存储位置

使用同样方法，可以修改其他文件存储的位置，效果如下图所示。

第 16 章

办公实战秘技

本章视频教学时间 / 27 分钟

🎧 重点导读

通过前面内容的学习，相信读者已经掌握了电脑办公的主要操作，在工作中不断使用与积累，这些操作就会更为熟练。本书的最后，为读者提供了一些办公实战秘技，以提高读者的办公效率。

📖 学习效果图

16.1 实战——Office 组件间的协作

本节视频教学时间 / 10 分钟

在使用比较频繁的办公软件中，Word、Excel 和 PowerPoint 之间可以通过资源共享和相互调用提高工作效率。

16.1.1 在 Word 中创建 Excel 工作表

在 Word 2019 中可以创建 Excel 工作表，这样不仅可以使文档的内容更加清晰、表达的意思更加完整，而且可以节约制表时间，具体的操作步骤如下 。

1 选择【Excel 电子表格】选项

打开 Word 2019，将鼠标光标定位在需要插入表格的位置，单击【插入】选项卡下【表格】组中的【表格】按钮，在弹出的下拉列表中选择【Excel 电子表格】命令。

2 输入数据

返回 Word 文档，即可看到插入的 Excel 电子表格，双击插入的电子表格，即可进入工作表的编辑状态，在该表格中输入所需的数据。

16.1.2 在 Word 中调用 PowerPoint 演示文稿

在 Word 中不仅可以直接调用 PowerPoint 演示文稿，还可以播放演示文稿，具体的操作步骤如下。

1 选择【对象】选项

打开 Word 2019，将鼠标光标定位在要插入演示文稿的位置，在【插入】选项卡下【文本】组中，单击【对象】按钮对象右侧的下拉按钮，在弹出的列表中选择【对象】命令。

2 添加本地 PPT

弹出【对象】对话框，选择【由文件创建】选项卡，单击【浏览】按钮，即可添加本地的 PPT。

提示

插入 PowerPoint 演示文稿后，在演示文稿中单击鼠标右键，在弹出的快捷菜单中选择【"演示文稿"对象】▶【显示】命令，弹出【Microsoft PowerPoint】对话框，单击【确定】按钮，即可播放幻灯片。

16.1.3 在 Excel 中调用 PowerPoint 演示文稿

在 Excel 2019 中调用 PowerPoint 演示文稿的具体操作步骤如下。

1 单击【对象】按钮

新建一个 Excel 工作表，单击【插入】选项卡下【文本】组中【对象】按钮。

2 播放插入的演示文稿

弹出【对象】对话框，选择【由文件创建】选项卡，单击【浏览】按钮，选择要插入的 PowerPoint 演示文稿。插入 PowerPoint 演示文稿后，双击插入的演示文稿，即可播放该演示文稿。

16.1.4 在 PowerPoint 中调用 Excel 工作表

在 PowerPoint 2019 中调用 Excel 工作表的具体操作步骤如下。

1 单击【对象】按钮

打开 PowerPoint 2019，选择要调用 Excel 工作表的幻灯片，单击【插入】选项卡下【文本】组中的【对象】按钮，弹出【插入对象】对话框，选择【由文件创建】单选项，然后单击【浏览】按钮。

2 插入 Excel 表格

在弹出的【浏览】对话框中选择要插入的 Excel 工作表，然后单击【确定】按钮，返回【插入对象】对话框，单击【确定】按钮。此时就在演示文稿中插入了 Excel 表格，双击该表格，即可进入编辑状态，调整表格的大小。

16.1.5 将 PowerPoint 转换为 Word 文档

用户可以将 PowerPoint 演示文稿中的内容转化到 Word 文档中，以方便阅读、打印和检查。在打开的 PowerPoint 演示文稿中，选择【文件】▶【导出】▶【创建讲义】▶【创建讲义】命令，在弹出的【发送到 Microsoft Word】对话框中，选择【只使用大纲】单选项，然后单击【确定】按钮，即可将 PowerPoint 演示文稿转换为 Word 文档。

16.2 实战——使用 OneDrive 同步数据

本节视频教学时间 / 4 分钟

OneDrive 是微软公司推出的一款个人文件存储工具，也叫网盘，支持电脑端、网页版和移动端访问网盘中存储的数据，还可以借助 OneDrive for Business，将用户的工作文件与其他人共享，并实现协作。Windows 10 操作系统中集成了桌面版 OneDrive，可以方便地进行上传、复制、粘贴以及删除文件或文件夹等操作。本节主要介绍如何使用 OneDrive 同步数据。

1 账户设置

单击任务栏中的【OneDrive】图标，或在【此电脑】窗口中单击【OneDrive】命令，弹出【欢迎使用 OneDrive】对话框，单击【开始】按钮，根据提示完成 Microsoft 账户的设置。

2 进行操作

设置完成后，OneDrive 图标变成白色云朵，在该图标上单击鼠标右键，在弹出的快捷菜单中选择【打开你的 OneDrive 文件夹】命令，打开【OneDrive】窗口，即可对文件或文件夹进行上传、复制、粘贴、删除、重命名等操作。

3 显示上传进度条

当进行操作时，OneDrive 即会自动同步，状态栏中的图标会显示为上传状态，单击该图标即会显示上传的进度条。

4 打开 OneDrive 设置对话框

用户也可以右键单击 OneDrive 图标，在弹出的快捷菜单中选择【设置】命令，即可打开 OneDrive 设置对话框，用户可以在该对话框中，进行 OneDrive 的常规设置、自动保存、同步文件夹，以及批量上传等设置。

16.3 实战——使用手机/平板电脑办公

本节视频教学时间 / 9 分钟

随着移动信息产品的快速发展以及移动通信网络的普及，人们只需要一部智能手机或者平板电脑就可以随时随地进行办公，工作更加简单、更加方便了。

常用的 Office 办公软件有 WPS Office、Office 365，以及 iPad 端的 iWorks 系列办公套件。

16.3.1 修改文档

本节以 WPS Office 为例，介绍如何在手机和平板电脑上修改 Word 文档。

1 打开文档

　　将"素材 \ch16\ 工作报告 .docx"文档传送到手机中，然后下载并安装 WPS Office 办公软件。打开 WPS Office，进入其主界面，单击【打开】按钮，进入【打开】页面，单击【DOC】图标，即可看到手机中所有的 Word 文档，单击要编辑的文档。

2 进入修订模式

　　打开文档，单击界面左上角的【编辑】按钮，进入文档编辑状态，然后单击底部的【工具】按钮，在底部弹出的功能区中，选择【审阅】选项卡，将【进入修订模式】按钮设置为【开】。

3 进行修改

　　进入修订模式后，长按手机屏幕，在弹出的提示框中，单击【键盘】按钮，对文本内容进行修改。修订完成之后，关闭键盘，修订后的效果如下图所示，将其保存即可。

4 是否接受修订

　　若希望接受修订，单击【批注与修订】选项组中的【接受所有修订】按钮；如果要逐个审阅后确定是否接受修订，可以单击右侧的修订记录，显示【接受修订】和【拒绝修订】按钮。

16.3.2 制作销售报表

　　本节以 WPS Office 为例，介绍如何在手机或平板电脑上制作销售报表。

1 计算结果

　　将"素材 \ch16\ 销售报表 .xlsx"文档传送到手机或平板电脑中，在手机或平板电脑中打开该工作簿，选择 E3 单元格，单击【键盘】按钮，输入"="，选择【C3】

单元格，输入"*"，然后选择【D3】单元格，按【Enter】键← 确认，即可得出计算结果。

2 向下填充

选中 E3:E6 单元格区域，单击【工具】按钮 ⊞，在底部弹出的功能区中，选择【单元格】➤【填充】➤【向下填充】按钮，即可得出 E4:E6 单元格区域的结果。

3 得出总销售额

选择 F3 单元格，打开键盘，单击【F(X)】键，选择【SUM】函数，然后选择 E3:E6 单元格区域，按【Enter】键←，即可得出总销售额。

4 插入图表

单击【工具】按钮 ⊞，在底部弹出的功能区中选择【插入】➤【图表】命令，选择插入的图表类型和样式，单击【确定】按钮即可插入图表。

5 调整图表

插入的图表效果如下图所示，用户可以根据需求调整图表的位置和大小。

功能区中选择【文件】➤【分享】按钮，可以通过邮件、QQ、微信等将该文件发送给其他人。

6 进行分享

单击【工具】按钮 ，在底部弹出的

16.3.3 制作 PPT

本节以 WPS Office 为例，介绍如何在手机和平板电脑上创建并编辑 PPT。

1 选择【新建演示】选项

打开 WPS Office 软件，进入其主界面，单击右下角的【新建】按钮 ，在弹出的创建类型中选择【新建演示】选项。

2 选择演示模板

进入【新建演示】页面，选择要创建的演示模板，如选择【工作报告】模板。

3 **下载模板**

手机或平板电脑即会在联网的情况下，下载并打开该模板，如下图所示。单击缩略图，即可打开不同页面的幻灯片。

4 **进行编辑**

选择模板中的文本框，即可打开键盘进行编辑，如下图所示。用户可根据需要对模板进行修改，然后保存即可。

高手私房菜

技巧：使用手机连接打印机打印文档

如今手机办公越来越便利，用户随时随地都可以处理文档和图片等。在这种情况下，如何将编辑好的文档，直接通过手机连接打印机进行打印呢？

一般较为常用的方法有两种：一种方法是手机和打印机同时连接同一个网络，在手机和电脑端分别安装打印机共享软件，实现打印机的共享，如打印工场、打印助手等；另一种方法是通过账号进行打印，该方法不局限于局域网的限制，但是仍需要手机和电脑联网，安装软件通过账号访问电脑端打印机并进行打印，最为常用的软件就是 QQ。

本技巧则以 QQ 为例，前提则需要手机端和电脑端同时登录 QQ，且电脑端已正确安装打印机及驱动程序，具体的操作步骤如下。

1 进入【联系人】界面

登录手机QQ，进入【联系人】界面，单击【我的设备】分组下的【我的打印机】选项。

2 添加打印的文件

进入【我的打印机】界面，单击【打印文件】或【打印照片】按钮，添加打印的文件或照片。

3 进行打印

如果单击【打印文件】按钮，则显示【最近文件】界面，用户可选择最近手机访问的文件进行打印。

4 选择手机中的文件

如果最近文件列表中没有要打印的文件，则单击【全部文件】按钮，选择手机中要打印的文件，单击【确定】按钮。

5 进行设置

进入【打印选项】界面，选择要使用的打印机、打印的份数、是否双面，设置完成后单击【打印】按钮。

6 进行打印输出

返回【我的打印机】界面，系统即会将该文件发送到打印机进行打印输出。